安食雄二创意甜品制作图解

[日] 安食雄二　著
沈怡冰　译

北 京 出 版 集 团
北京美术摄影出版社

前 言

研修兄弟们的寄语

左边是“Mont St. Clair”（蒙特・圣克莱尔）的主厨辻口博启，右边是“L’AUTOMNE”（秋天）的主厨神田广达。这两位是安食主厨在“利之帆”驻店实习时认识的前辈与后辈，三人曾经同吃同住，情同手足。经过严格的研修，现在三兄弟都开着店，各自践行着独树一帜的风格。辻口和神田都是以自己的世界观来制作甜品的，对此安食主厨心存敬意，备受鼓舞并引以为傲。

“辻口博启的寄语”

我在20岁的时候遇到了安食。我们一起驻店，同吃同住，每天从早上工作到晚上。那时在店里工作的5个人，一年要做价值2亿日元的点心，每天都是战斗状态。虽然当时还很难以个人名义参加比赛，我们依然不放弃梦想。每天结束工作后到凌晨3点左右，我们相互切磋探讨，全身心地投入比赛的练习中。有那段经历才会有今天。和安食、广达一起度过的时光是我的人生财富，时常感慨万千。我们情同手足，即便天各一方依然心意互通。安食兄弟，经历了那个时代才有了今天。本书也可以说是安食的人生写照，非常期待它的出版。祝贺安食兄弟！

“Mont St. Clair”主厨

辻口博启

“神田广达的寄语”

对于我来说，辻口和安食先生既是伟大的前辈、导师，又像是我的哥哥或者说是兄长一样的存在。说实话，如果没遇见这两个人就不可能有现在的我。在第一次工作的“利之帆”，我就是以他们为榜样成长起来的，这样说一点都不为过。起初，我缺乏作为匠人的自觉。两位兄长言传身教，不仅在技术上，还在工作的态度和责任感方面对我教诲不倦。那个时候，他们或者像兄长那样训斥我，或者像兄弟般打闹嬉戏，满满的快乐回忆。现在他们都是名副其实的大拿，却一如既往地对我非常亲切，今天还特意邀请我为安食先生即将出版的书写寄语，真是荣幸之至。安食先生的书出版，我也是感慨万千。今后也会一直像弟弟一般支持他！

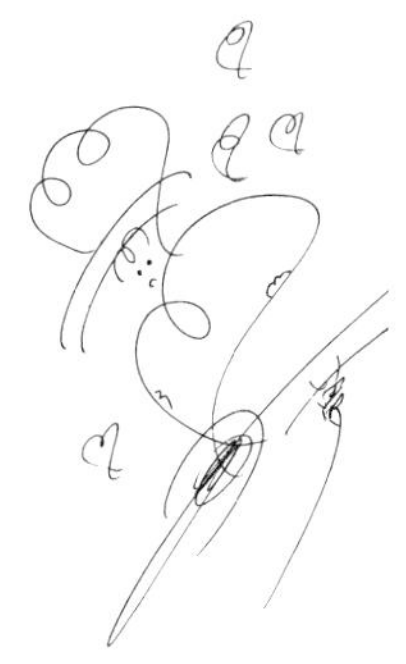

“L'AUTOMNE”主厨

神田广达

自 序

自2001年成为糕点师后，我一直在思考“自己的特色到底是什么？”这个问题。在经历数次各种各样大赛的过程后，我亲身感受到了个性和原创性是多么的重要。“一眼就能知道是谁的作品”，我会以此为标准来进行自我挑战。虽说如此，但平时在甜品店工作，大多数时候还是要做小蛋糕、奶酪蛋糕等受大众欢迎的甜品，而不是一味去主张“这是我自己原创的甜品”。

我们是所谓的表达者，所以在做甜品的时候不能只从商业的角度考虑什么样的产品畅销，现在的流行趋势，等等。追求商业上的成功，往往有的时候也会和自己所期望的工作方式相悖。坦白地说，只做自己喜欢的事情，只在乎“懂的人自然懂”，往往只是自己美好的愿望罢了。怎样平衡梦想和商业是一件非常困难的事情。

所以，我会从店铺的设计、产品的陈列综合考虑，传达自己的风格和世界观。说到平衡，怎样把日本甜品的传统口感和欧洲甜品的精华结合起来，两者如何融合再进行优化，这一点非常重要。当初，在2010年独立开店的时候，没有用现在的名字，而是取名“甜蜜花园”，就是因为想要建造一个有各式精美甜品的、令人身心愉悦的“甜蜜庭院”，不纯粹是法式点心和德国甜品，而是真心想在镇上开一家“安食的甜品屋”。

目　录

取材执笔/并木麻辉子
摄影/高岛不二男
艺术指导/吉泽俊树（ink in inc）
设计/ink in inc
插图/安食雄二
版面制作/岛内美和子
法语校对/千住麻里子
编辑/黑木纯

搅拌机

搅拌主要是使用搅拌机的搅拌功能。这款搅拌机的速度可以进行10个挡位调节，本书中的1~3挡标记为低速，4~7挡标记为中速，8~10挡标记为高速。在生奶油和法式酥皮等材料中混入空气的时候用的是搅打功能。在将曲奇饼之类的材料均匀地搅拌在一起时使用的是搅拌功能。

食物处理器

“双工”号是通过马达带动切割刀的旋转，将投进去的材料切碎混合烹饪的用具。照片是法国robocop公司的产品，坚果类也可以瞬间粉碎，在自制坚果酱的时候也是非常好用的。另外，其还有真空处理搅拌乳化功能，可以做出没有气泡的顺滑的酱。

制作甜品的工具

搅拌勺和温度计

由于做点心的材料化学变化比较多，所以需要进行正确的温度管理。安食主厨用透明的胶带把温度计固定在搅拌勺上，就可以一边搅拌材料一边检查温度了。把锅放在火上融化奶油的时候，将碗底放在冰水中冷却的时候，在容器中融化巧克力的时候，带温度计的搅拌勺就派上用场了。

铜锅

在独立开业时购置的法国制的铜锅目前为10个。据说，铜锅由于热传导的速度非常均匀，因此，如果用薄底的锅制作，最后的成品效果会大相径庭，特别是安格雷斯等蛋黄酱。安食主厨经常说“工欲善其事，必先利其器”，借助好工具可以事半功倍。尤其是每天都要准备的常用的酱和汁，更是需要好的工具。

软盘

法国公司生产的这款软盘是用硅胶和玻璃纤维制成的，可以使用的温度范围为－40～250摄氏度，其特点就是既可以在烤箱中使用也可以在冷藏室使用。在制作慕斯蛋糕或者慕斯奶油夹心的时候都非常好用。即使是复杂的形状，也很容易脱模，使用这款软盘也可以制作出很多形状独特的点心。

木质托盘

在冷却烤好的热那亚蛋糕的时候，会用到面团发酵用的木质托盘。其理由是“相当于把米饭搬到饭桶中一样的效果”（安食主厨）。木质托盘可以适当调节湿度和水分，所以原材料就不会变得干燥，也不会被蒸发，可以一直保持湿润的质感。

平窑（甲板烤箱）

安食主厨使用的烤箱有被称为“平窑”的甲板烤箱和胶合炉两种。平窑是靠上火和下火调节温度来进行烤制的结构，适合用来烤热那亚蛋糕和馅饼等。胶合炉的特征就是内部有循环热风。适合烤制酥皮点心和饼干等。

焦糖

安食主厨喜欢用西班牙产的焦糖。慕斯蛋糕、奶油蛋糕等表面涂上糖粉，然后焦糖化时用的焦糖是制作经典商品——吉布斯特（参考第72页）时不可缺少的工具。另外，在做焦糖的时候，应右手拿焦糖，左手拿煤气炉，烤出的烟雾用煤气炉边烧边做。

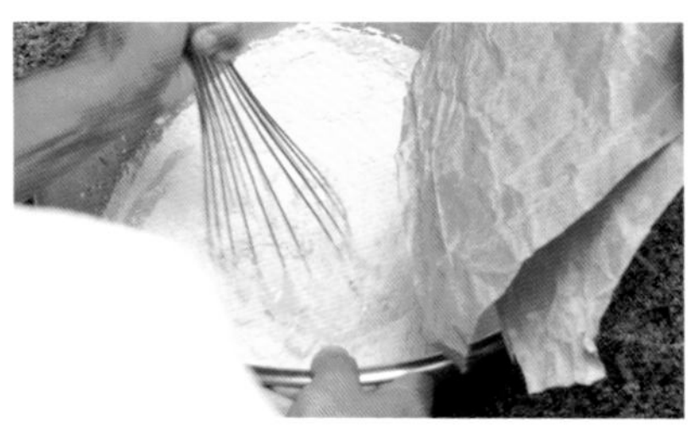

面粉

面粉根据蛋白质含量的多少分为高筋粉、中筋粉、低筋粉，需要松软口感的时候，就用蛋白质含量少的低筋粉，要增加面筋的弹性时就会使用高筋粉。安食主厨用的面粉，低筋粉用的是“超级紫色”（日清制粉）、高筋粉用的是“蒙布朗”（第一制粉）。

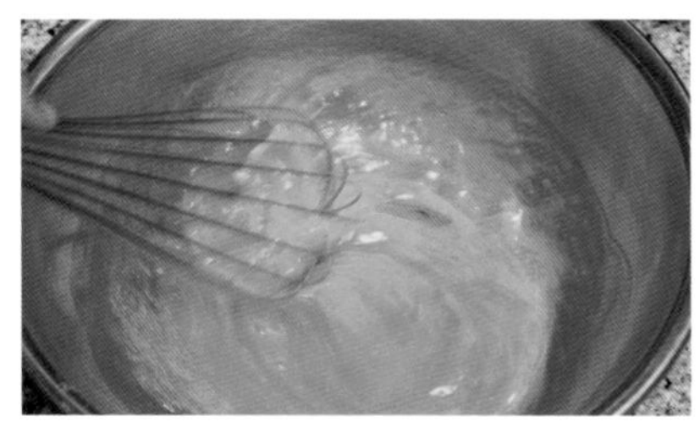

鸡蛋

在薄饼、蛋糕卷、泡芙等口感会受鸡蛋影响的蛋糕中，斟酌再三，我们使用的是“那须御养蛋”的“MS蛋”，其特征是浓厚的味道和鲜明的蛋黄。鸡蛋在使用之前先从冰箱取出回温，这样容易和其他的材料混合。另外，经常使用的蛋黄如果加入20%的砂糖，冷冻放起来的话，后期制作时效率会提高。

制作甜品的材料

砂糖

砂糖通常是使用精制度高、无色透明的种类，但根据蛋糕的不同，也会使用黑糖和枫糖等来表现个性。砂糖粉碎后制成的粉末状糖粉，可以放入水分含量较少的材料中，用于装饰。如果想在保持糖度的同时降低甜度，就要将砂糖的一部分用红糖代替。

黄油

黄油在蛋糕的味道和口感中起到决定性作用，因此，我们综合其味道和稳定性选择了明治乳业的“明治发酵黄油”（无盐型）。其特色是丰富的发酵风味和新鲜的香气，并具有延展性强、可塑性强的特点，因此我们一直都在使用。使用的时候，预先从冰箱中取出，然后放到室温下回温。

牛奶·鲜奶油

牛奶我们主要使用的是北海道的大滨近郊、滨中町的脂肪含量为4%以上的生牛乳，也使用日本前梨乳业的“特选·北海道4.0牛奶”（脂肪含量4%），其他也会使用泽西岛牛奶、脂肪含量8.8%的浓缩牛奶等。由于乳脂成分不同、乳业制造企业的味道差异等原因，鲜奶油分别使用了4家企业的8种奶油。

巧克力

巧克力有时混合在蛋糕坯和奶油里，有时用在蛋糕表面做装饰。在各种各样不同场合使用的巧克力，我们会根据可可豆的品种、产地、辅料的配合等来强调它产生的效果，这一点非常重要。安食主厨根据制作点心的印象，在朵瑞、法芙娜、歌剧、不二制油等4家公司中，选用了14种巧克力。

坚果

杏仁、榛子、核桃等坚果类，是为点心提供风味和口感的好搭档。将坚果粉或坚果酱放入蛋糕和奶油中，可以增加浓浓的香气和绵密的口感。将坚果焦糖化制成的果仁糖是我们自制的。刚做好的果仁糖不仅香味很特别，也会增加甜品新鲜出炉的感觉。

水果

广泛使用新鲜水果正是安食主厨的特征。水果挞自不必说，小蛋糕和蛋糕卷上的水果也是全年提供的应季水果。使用的水果是品质上乘的，比如草莓，就会用“甜王”（产地日本福冈博多）；而葡萄，则是“长野紫提”和“晴王麝香葡萄”等市场上美誉度高的水果品种。

写在开始制作之前

- 本书的配方是根据“甜蜜花园　安食雄二”出品的配方而来。品种多样，分量也相当大。
- 搅拌机的速度、搅打时间等都是常规标准。请根据搅拌机的型号和材料的状态等适当调整。
- 烤箱的温度、烧开时间等都是常规标准。请根据烤箱的型号和材料的状态等适当调整。
- 烤箱使用之前都需要提前预热到相应的温度。
- 室温的标准是20摄氏度，冰箱冷藏室2摄氏度、冰箱冷冻室－20摄氏度。
- 面粉类（包括杏仁粉、可可粉、糖粉等）在使用之前会先过筛。
- 面粉会适当使用高筋粉。
- 鸡蛋在没有特别指定的情况下，都将放在室温下回温后使用。
- 黄油使用的是发酵黄油（无盐黄油）。
- 香草豆荚是纵向剖开将种子刮来使用，根据需要使用种子或豆荚。
- 巧克力用的是制作甜品专门的巧克力币。
- 使用的食材中，有些有列出厂商名称和规格等，这实际上是为了提供风味的线索和思路，如果有喜欢的材料也可以替代使用。

第①章

基本的配料

首先介绍安食主厨的甜品中必须用到的材料和奶油等配方，其次是材料和奶油的组合，甜品可以千变万化！可以从材料的配方、加热方法等各个细节关注安食主厨的技艺。

热那亚蛋糕

热那亚蛋糕就是全蛋打发，蛋白和蛋黄合并在一起打发的海绵蛋糕。它的口感紧实湿润，是制作小蛋糕的过程中必不可少的材料。制作成功的关键是将蛋液加热后，以高速、中速、低速的顺序充分搅拌，直至完全没有泡沫。另外，如果加入面粉，就要完全搅拌均匀。这样做出来的蛋糕会形成面筋，烤制后不会塌陷。

材料（直径18厘米的圆形1个的量）

全蛋……135克
蛋黄……15克
白砂糖……104克
低筋粉……75克
融化的黄油……30克

制作方法

1

在搅拌碗中放入全蛋和蛋黄，用打蛋器打散。

2

一只手将白砂糖缓缓筛入，另一只手拿着打蛋器一边动一边搅拌均匀。

3

将步骤2的材料在明火上加热至30摄氏度，其间用打蛋器不停地搅拌以防止粘锅。

4

材料加热后迅速转移至搅拌机，高速搅打3分钟。

5

同样地，中速、低速各搅打3分钟，气泡就会慢慢变细，气泡大小也会变得非常均匀。这样打发出来的蛋糕烤完后，组织会非常细腻，做出来的蛋糕口感也会很棒。

6

打发好的蛋液蓬松、细腻。有适当的流动性，从上面看有摇摇欲坠的感觉。完成后的温度在21～22摄氏度是比较理想的状态。可以看看情况，需不需要开低挡多打1分钟。

7

将步骤6处理好的材料放入碗中，加入过筛后的低筋粉。用刮胶切入，划开组织搅拌，直至整体搅拌均匀。

8

搅拌到看不见粉末时，可以将碗一边转动，一边从底部翻上来继续搅拌均匀。混合的次数可以根据个人喜好来定，如果搅拌次数少，成品就会比较松软。如果搅拌次数多，就会形成面筋，成品的组织就会更有弹性。

9

融化的黄油软化，加热到60摄氏度左右后加入。不要往一处倒黄油，可以将刮胶放平，把黄油倒在刮胶上，然后使其均匀分布到材料表面。其间，与步骤8一样可以将碗一边转动，一边从底部翻上来继续搅拌均匀。黄油融合得越均匀越好。然后，将材料倒入模具中，放入平板烤箱里。烤箱温度上火180摄氏度，下火170摄氏度，烤制25～30分钟。

甜杏仁酱蛋糕

就像它的名字sucrée在法语中是“加入白砂糖”“甜”的意思一样，其拥有甜甜脆脆的口感，主要用来制作挞类蛋糕。向在室温下回温软化的发酵黄油中依次加入糖粉、全蛋、低筋粉制作出来。咬起来的口感脆脆的，但材料韧性就不是很好了。我们把一部分的面粉用杏仁粉替代，用来增添风味和口感。

材料（完成量大概800克）

发酵黄油……210克
糖粉……132克
盐……1.5克
全蛋……60克
香草豆荚……4/5根
低筋粉……340克
杏仁粉……54克

制作方法

1

发酵黄油室温下软化，切成适合处理的大小，然后放入碗中，底部直接用小火微微加热，或者用微波炉加热也可以，加热融化到适合搅拌的硬度就可以。

2

用打蛋器打发至可以坚挺直立的程度，等到全部材料的硬度都变得差不多，然后全部搅拌均匀，直到表面出现光泽、看起来像沙拉酱那样。

3

加入糖粉和盐，用打蛋器搅拌均匀。这个步骤也可以用搅拌机搅拌完成。但是，如果是安食主厨的话，即使是批发量产，这之后的步骤也一定是用手制作完成，理由就是“如果用搅拌机搅拌的话肯定会带进来过多的空气”。（安食主厨原话）

4

另取一个碗，加入全蛋和从香草豆荚中剖出的香草籽，并混合均匀。材料表中所列的量只是一个大概基准，可以根据个人喜好来加减。

5

把步骤4的材料分4～5次加入步骤3的碗中，每加入一次都要充分搅拌，整体都质地均匀了才能再次加入搅拌。刚开始是很稀薄的状态，加入的鸡蛋多了，材料就会越来越呈凝固状了。

6

加入过筛的低筋粉，然后再加入杏仁粉，分量多的时候，可以预先将低筋粉和杏仁粉一起混合后再一同加入。

7

用刮胶搅拌至没有粉块。

8

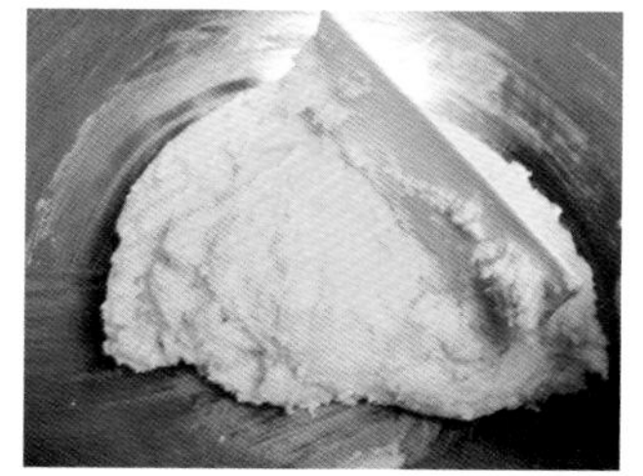

混合均匀的状态。

9

在烤盘中铺上OPP薄膜，把面团放在上面，抹上散粉之后拉成四边形。上面再盖上OPP薄膜，压制成型后，放入冰箱冷藏室内静置一晚。

泡芙皮

正如它的名字“泡芙”一样，形状胖胖圆圆的，表面有龟裂的纹路。这是因面团中的水分受热蒸发，膨胀扩展所致。想要完美地膨胀开就必须制作黏性充分的面团。所以，在锅中加入面粉之前，必须把里面的牛奶煮沸。关键是要把面粉完全加热。

材料（直径4.5厘米，20个的量）

牛奶……337克
白砂糖……6.7克
盐……6克
发酵黄油……144克
低筋粉……96克
高筋粉……96克
全蛋……350克
蛋白……88克

制作方法

1

在锅中放入牛奶、白砂糖、盐，加入发酵黄油，大火烧开。

2

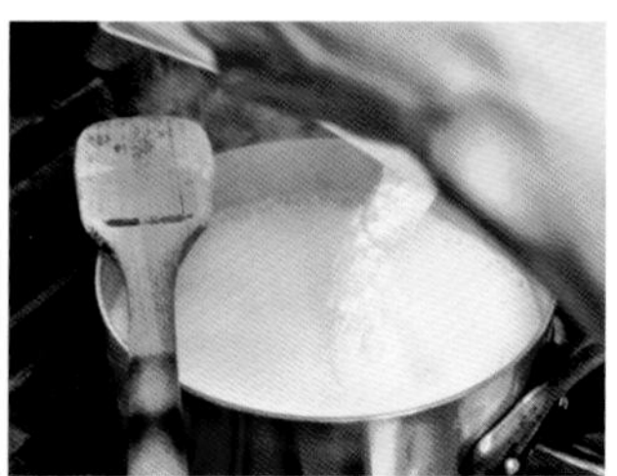

煮沸到液面上升的时候关火，低筋粉和高筋粉混合后搅拌均匀过筛，用木勺搅拌，使粉末和液体充分融合。

3

没有粉末的地方继续用小火加热，大约1分钟，然后用木勺涂开搅拌。

4

渐渐的全部材料都搅拌均匀，形成饼状了。面粉完全过火煮透，面团充分出现黏性之后从火上取下来。

5

把全蛋和蛋白放入碗中搅拌均匀，然后一点点分几次倒入步骤4所制的面团中，并且搅拌均匀。

6

每次加入的时候，都要用木勺打散混合。有八分都搅拌顺滑了就加入后面的蛋液。

7

等到面团粘起来之后，把鸡蛋放入碗中，用木勺将空气混入搅拌均匀。

8

蛋液充分混合均匀之后就可以了。达到用木勺把材料舀起来可以缓缓流淌下来的程度就差不多了。

9

完成之后，木勺换成刮胶，继续搅打，使大气泡消掉，达到顺滑的状态。

蒙娜丽莎饼干

蛋黄和蛋白分别打发，用分别打发的方法制作的蒙娜丽莎饼干，由于和充分打发的法式酥皮混合的缘故，其口感非常轻脆。而用杏仁粉代替小麦粉来做的蒙娜丽莎饼干，材料本身自带了杏仁浓郁的香气，即使和香浓的奶油混合在一起也掩盖不了其香气。

材料（38.5厘米×27.5厘米的烤盘2块的量）

糖粉……96克
杏仁粉……192克
生杏仁酱……50克
全蛋……160克
蛋黄……100克

法式酥皮
- 蛋白……354克
- 干燥蛋白……3克
- 白砂糖……181克

低筋粉……154克
融化的黄油……60克

制作方法

1

在搅拌机中加入糖粉、杏仁粉。

2

生杏仁酱撕开放入，注意不能重叠，开动5秒钟迅速搅拌均匀。

3

在碗里放入全蛋和蛋黄，用打蛋器搅拌均匀。之后，分几次把它倒入步骤2的碗里。每加一次搅拌20秒左右，直到全体搅拌均匀。

4

在加到第2次之后，每加一次搅拌5～6秒，以防止摩擦引起温度过高。附着在侧壁上的材料，需要用刮胶刮下来重新拌匀。每次加入蛋液，面团就可以松弛一点，最终形成顺滑并有一定黏性的状态。

5

同时我们还要做法式酥皮（参考第34页）。把步骤4中的材料移到碗中，先用打蛋器加入一勺左右的法式酥皮，法式酥皮在加进去之前要先用打蛋器轻轻搅拌至纹理均匀。

6

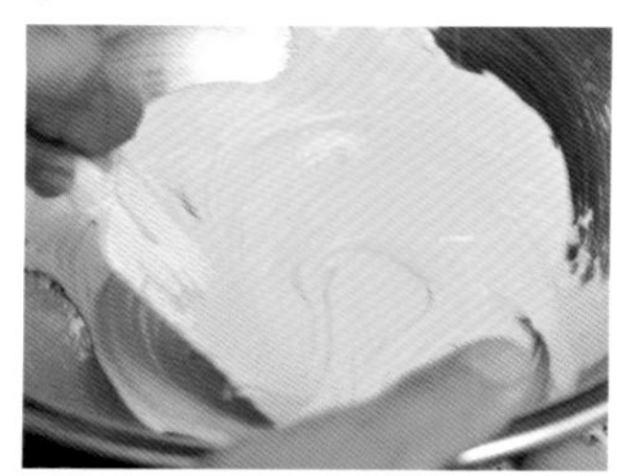

一边把碗慢慢转动，一边用刮胶斜斜地插入材料底部兜底翻搅均匀。

7

加入剩下法式酥皮的一半，把碗转动起来，完全搅拌均匀。

8

加入过筛后的低筋粉，以同样方法搅拌均匀，然后把剩下的法式酥皮也同样混入一起搅拌均匀。

9

加入融化好的，温度在60摄氏度左右的黄油。把材料放入烤盘中，上下火都是200摄氏度，平炉烤制18～20分钟。

杏仁巧克力饼干

安食雄二准备的巧克力蛋糕有两种，一种是加可可粉的，另一种是用巧克力融化做成的。这款杏仁巧克力饼干，是先用杏仁酱制成杏仁面团，再加入可可粉，进一步提升巧克力风味。这样做出来的杏仁巧克力饼干口感蓬松轻盈，可以用在各种各样的蛋糕中。

材料（38.5厘米×27.5厘米的烤盘2块的量）

全蛋A..............750克
白砂糖..............480克
干燥蛋白............16克
杏仁酱..............375克

全蛋B...............375克
低筋粉..............450克
可可粉...............50克
融化的黄油......225克

制作方法

将全蛋A全部放入打蛋盆中，用打蛋器轻轻混合搅拌。

2

将白砂糖和干燥蛋白混合，然后把它倒入步骤1的材料中，用打蛋器一同搅拌均匀。

3

将打蛋盆放在火上，边加热边用打蛋器搅拌。大概加热到30摄氏度左右，关火拿开，装到搅拌机上。

先高速挡搅拌5分钟，膨胀出现泡沫后开到中速挡搅拌3分钟，然后再开低速挡搅拌3分钟，至渐渐出现纹理就可以了。

5

杏仁酱撕碎后放入搅拌机中，把全蛋B分成几份，一点点地加入。然后一直搅拌直到非常顺滑的状态。

6

把步骤4的蛋液放入碗中，再加入步骤5的材料，用刮胶搅拌均匀。

7

加入混合过筛后的低筋粉和可可粉，混合均匀直到没有粉末。

8

将融化的60摄氏度左右的黄油，倒在刮胶上，再均匀地淋到材料的表面，然后再混合均匀。

9

在铺上烤纸的烤盘中放入步骤8的材料，用刮胶刮平，放入上下火均170摄氏度的平炉烤箱中烤制40分钟左右。

萨凯尔饼干

“萨凯尔”是“扎哈”的法语发音。面团中加入了水浴融化的巧克力，使得巧克力的风味格外浓郁。这一点也是萨凯尔饼干的特色。法式酥皮分两次加入。前面加入的法式酥皮，是为了使面团松弛容易混合，有部分消泡也没有关系；后面加入的法式酥皮，就要充分搅拌均匀，尽量避免消泡。

材料（37厘米×27厘米的烤盘2块的量）

法式酥皮
- 白砂糖..........228克
- 蛋白.............337克

黑巧克力
（可可含量57%）
.........................382克

淡奶油
（脂肪含量35%）
.........................154克

发酵黄油............77克

蛋黄.................382克

低筋粉................67克

可可粉..............114克

制作方法

1

制作法式酥皮（参考第34页）如图，要出现这样坚挺直立的尖角才是比较好的。目标就是把材料打发好，用搅拌机捞一下举起来，能出现这样的尖峰状态。

2

在打发法式酥皮的时候，把黑巧克力悉数放入碗中，水浴融化。

3

和步骤2同时进行，把淡奶油和发酵黄油放入锅中加热，发酵黄油慢慢融化，一直加热到50～60摄氏度。

4

另取一个碗，放入蛋黄，轻轻放到火上，用打蛋器不停搅拌一直加热到30摄氏度左右。

5

步骤2的黑巧克力融化后，留在水浴的容器中，把步骤4加热后的蛋黄倒进去，然后用打蛋器迅速混合。步骤3的发酵黄油融化后加入淡奶油搅拌均匀。这两者完全融合后，之前做的法式酥皮也刚刚好差不多时间完成，这样就比较完美。

6

在步骤5的碗中，取步骤1完成的法式酥皮的一半加入。用刮胶翻拌使其充分搅拌均匀。

7

把可可粉和低筋粉混合过筛，加入步骤6的材料中，一边转动碗，一边用刮胶涂开，搅拌均匀。

8

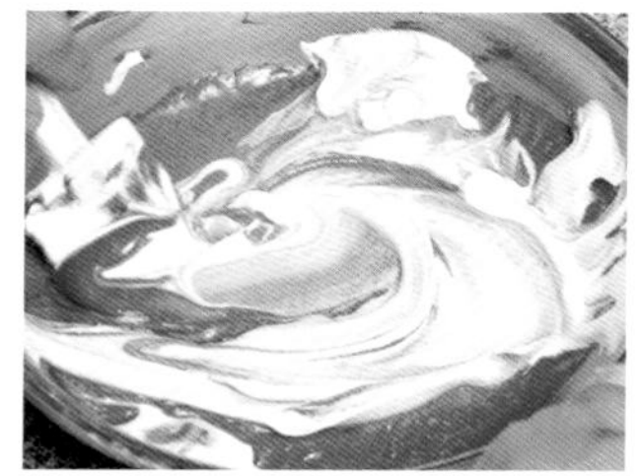

加入剩下的法式酥皮，同样一边用刮胶涂开一边搅拌均匀。加入法式酥皮之前我们要用手动打蛋器把它的纹路整理好，搅拌均匀之后再加入。

9

在铺上烤纸的烤盘中放入步骤8的材料，用刮胶刮平，放入上下火均175摄氏度的平炉烤箱中烤制30分钟左右。

油酥点心

面团是薄薄的重合起来一层一层的，发酵黄油（折叠用）用面团包裹起来经过多次折叠，一会儿拉长一会儿折叠，里面的发酵黄油也会变得非常柔软，而面团则会起筋变硬。安食雄二的做法是把发酵黄油包裹起来之后静置一晚，分3天折3次变成6层，使得面团完全舒展毫无压力。

材料（1帕特*）

高筋粉............1000克
发酵黄油..........100克
牛奶................225克
水....................250克
白砂糖...............20克
盐......................22克
发酵黄油（折叠用）
..........................800克

＊帕特是用800克的折叠用黄油制成的材料的分量。1帕特相当于4块60厘米×40厘米，厚度2毫米材料的量。

制作方法

1

高筋粉事先测量好，装在塑料袋中，放入冰箱冷藏室中冷藏。发酵黄油也预先放在冰箱冷藏室冷藏。把这两样材料用手揉和在一起。这个步骤在塑料袋中完成，这样面粉就不会撒落，操作台也不会弄脏。

2

在碗中放入牛奶、水、白砂糖和盐，搅拌均匀。把步骤1的材料从操作台上取出来，放在中央，把周围垒起来，中间呈同心圆状刨开。把碗里的液体倒进圆心中央，把周围的面粉和发酵黄油一点点地拌进去，直到和液体完全揉和均匀。

3

为了不使面团出筋，可以用手来混合搅拌。当大部分液体、面粉和发酵黄油搅拌均匀后，可以用刮胶边翻切边搅拌。然后两只手把面团捧起来，将面粉、发酵黄油和液体揉和均匀，整合成一团。

4

材料都揉成一个面团后，在操作台上边压边和面。为了使面团不起筋，要从面团的顶部按压。用手指按一下，如果会回弹出来就算完成了。

5

在面团的表面划一个“十”字，然后用塑料袋包裹起来，放入冰箱冷藏室，静置整整一天。

6

冷却放置的发酵黄油（折叠用，中心温度5.5摄氏度左右）用OPP保鲜膜包裹起来，用擀面杖捶打使其延展。延展之后对折，然后再次捶打延展，直至发酵黄油的硬度均衡为止，最后整理成正方形。

7

将放了一晚的面团取出切开，摊成正方形。然后把步骤6的正方形交错放在它上面。将发酵黄油没覆盖到的面团用擀面杖擀成和发酵黄油同样大小的正方形，然后折叠覆盖到发酵黄油表面。放到冰箱冷藏室冷藏30分钟～1小时。

8

把步骤7的面团放在丹麦酥皮机上反复通过几次，延展到6毫米左右。把面团左右均等折叠成3份，用塑料袋包好放入冰箱的冷藏室静置一个晚上。

9

第2天，将面团从冰箱冷藏室中取出，转换成90度方向，然后通过丹麦酥皮机，和步骤8一样，折成3折。折3折共计6次。每折一次都需要充分地松弛，所以安食主厨是从早到晚一天折两次，用3天时间来完成折叠工作。

糕点奶油

糕点奶油是做蛋糕的时候必不可少的，可以直接使用，也可以和淡奶油、奶油奶酪等混合起来使用，应用的范围非常广泛。这里介绍的是香草风味浓郁的，安食雄二的一款“基本的糕点奶油”。然后以此为基础，制作方法大体相同，配方可以稍稍变化，灵活运用，也可以做出蛋香型的版本（参考第64页）。

材料（基本配方，方便制作的量）

香草豆荚……………1根
淡奶油（脂肪含量40%）
……………………100克
牛奶……………900克
白砂糖……………200克
蛋黄……………300克
低筋粉……………30克
米粉……………30克
发酵黄油……………50克

制作方法

1

将香草豆荚剖开，取出香草籽。把香草籽浸泡在淡奶油中6个小时。然后，在铜碗里放入牛奶、1/3的白砂糖，加入淡奶油和香草籽，放在火上。

2

另取一个碗，放入蛋黄和剩下的白砂糖，用打蛋器搅拌均匀。

3

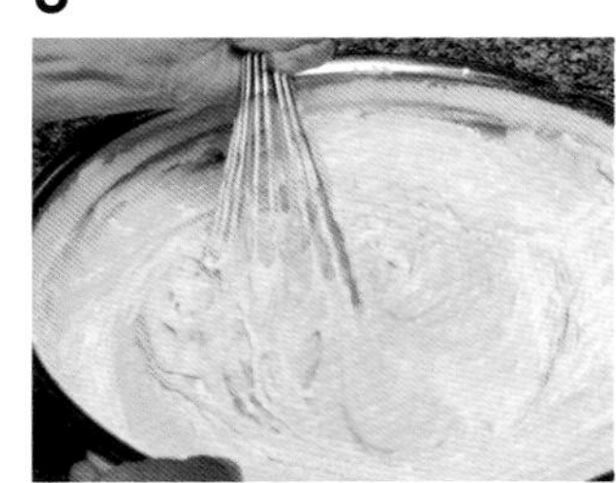

等到步骤2的材料颜色变白，加入混合好过筛的低筋粉和米粉。待到粉末完全消失，整体搅拌均匀。

4

步骤1的材料煮沸后，把香草籽去除掉，倒一半在步骤3的碗中混合均匀，然后再倒回到铜碗中。

5

将步骤4的材料放在大火上，用打蛋器搅拌，使其变得黏稠。特别是一开始的时候，为了防止粘锅需要用手不停地搅拌。

6

渐渐地它就会变得黏稠厚重，从锅底往上冒泡，开始发出“咕噜咕噜”的声音。继续不停地搅拌，奶油就变得轻盈，搅拌的手也不会感到很吃力。

7

在步骤6处理好的材料中加入发酵黄油，手动搅拌均匀。

8

将步骤7准备好的材料用过滤器过滤到碗中。

9

把碗放到冰水中，温度一下子降到10摄氏度以下。放到板上，用保鲜膜全部包裹起来，稍稍冷却后放入冰箱的冷藏室中静置一晚。

英式蛋奶酱

将牛奶、淡奶油、白砂糖混合在一起点火加热至沸腾，因为加了蛋黄，所以这款英式蛋奶酱风味浓郁，是经常用来做慕斯或者是慕斯蛋糕的奶油馅料。安食雄二对这款英式蛋奶酱的利用是，在牛奶中加入红茶、抹茶、香草的风味，做出各种各样的风味产品。如果是做慕斯的话，就加入吉利丁片，完全冷却后凝固。

材料（基本配方，方便制作的量）

牛奶 275克
淡奶油A (脂肪含量45%)
.... 60克
白砂糖 30克
蛋黄（加糖20%）.......... 112克
淡奶油B（脂肪含量45%）
.... 180克

制作方法

1

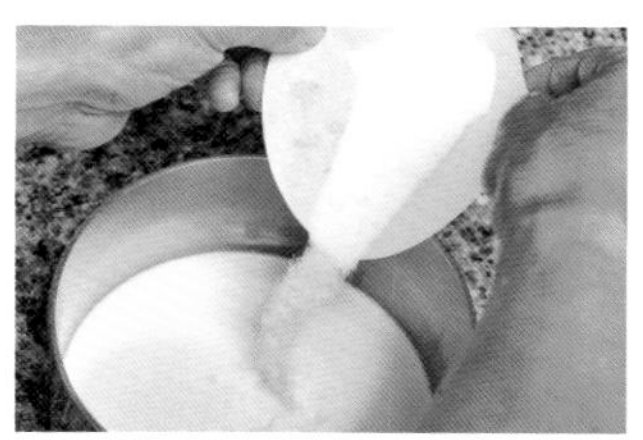

锅中加入牛奶、淡奶油A和白砂糖，放在火上加热。

2

蛋黄放在碗中打散。等步骤1的牛奶烧开后将蛋黄液倒入1/3，轻轻搅拌后再倒回到锅中。

3

锅继续放回到火上，用木勺持续搅拌，加热到80～82摄氏度（鸡蛋尚未完全受热凝固）。沸腾起来的时候多少会有一些增厚，用木勺划一下就会留下痕迹。

4

把锅从火上拿下来，放在水龙头下用冷水降温，避免锅的余温把鸡蛋煮熟。降到70摄氏度以下就可以了。考虑到锅里的温度也会有起伏，降到55摄氏度左右更好些。

5

将锅底浸在冰水中，温度一直降到30摄氏度。温度下降的时候，先用冷水冲凉，然后再放到冰水中是安食主厨的一贯做法。

6

加入淡奶油B，混合均匀，用滤网过滤到碗中放入冰箱冷藏室冷藏。安食雄二所需英式蛋奶酱用量较大，所以一般是统一做好放冰箱冷藏保存。

杏仁奶油

在馅饼中加入的杏仁奶油是用发酵黄油、糖粉、全蛋、杏仁粉4种材料各1/4做成的。加入香草籽使得风味更加浓郁。完成后在冰箱冷藏室内放置一晚使得材料充分融合，杏仁的风味也会更加凸显。在使用之前会把它放在室温下回温，用木勺轻轻搅匀，至取用方便的硬度。

材料（基本配方，方便制作的量）

发酵黄油 300克
糖粉 300克
全蛋 260克
香草豆荚 1/4根
杏仁粉............................ 300克

制作方法

1

发酵黄油室温回软，根据实际情况，必要时可用微波炉加热，用起来方便即可。用手指摁一下，如果有印子就可以了。放入碗中，用打蛋器搅拌至沙拉酱状。

2

加入糖粉，用打蛋器搅拌均匀。

3

另取一个碗，加入全蛋和从香草豆荚中取出的香草籽，分几次加到步骤2的碗里。相对发酵黄油来说，全蛋的分量比较多，所以一点点地加入，保证充分搅拌均匀。

4

在步骤3的材料中加入杏仁粉。

5

用刮胶边按边搅拌。

6

直至粉末完全消失，覆盖上保鲜膜在冰箱冷藏室内放置一晚，可以使得酱料充分融合，并排出多余的空气。使用的时候放到室温回温，软硬程度正好可以用就行。

法式酥皮

在蛋白中加入白砂糖起泡做成的法式酥皮，可以帮助材料膨胀，使得慕斯的口感更为顺滑。白砂糖虽然有依靠吸收水分来稳定气泡的作用，但是也有破坏起泡的反面作用，所以分几次加入。在制作低糖分法式酥皮的过程中，把白砂糖和蛋白混合起来冷冻，解冻之后更利于起泡。

材料（分量参考各款甜品制作所需的量）

白砂糖、干燥蛋白、蛋白

制作方法

1

取一半白砂糖和干燥蛋白放在碗中，用打蛋器轻轻搅拌之后，加入蛋白，然后放在搅拌机中，设置好，高速挡打发起泡。

2

全部打发起泡后回到中速，放入剩下的一半白砂糖搅拌均匀。蛋白打发起来的时候，不要出现不规则的样子，差不多的时候就关掉搅拌机，将附着在搅拌机内壁的蛋白用刮胶刮下来。

3

倒入剩下的白砂糖。保持中速挡搅打，就会出现尖峰状，继续打发直到形成质地均匀、肌理稳定的法式酥皮。

想要做半糖的时候

1

白砂糖和干燥蛋白放入碗中，用打蛋器搅拌均匀。蛋白先加入一点点，混合均匀后再分几次一点点地加入。过程中一直用打蛋器搅拌均匀。

2

步骤1的材料放入塑料袋中冷冻起来。使用之前放回到冰箱冷藏室慢慢自然解冻。

3

把步骤2解冻好的材料放入搅拌机中，以高速、中速挡的顺序搅拌。完成品会有光泽，肌理稳定柔顺。放入碗中，用电动打蛋器打发起泡，直到整体混合均匀。

意大利酥皮

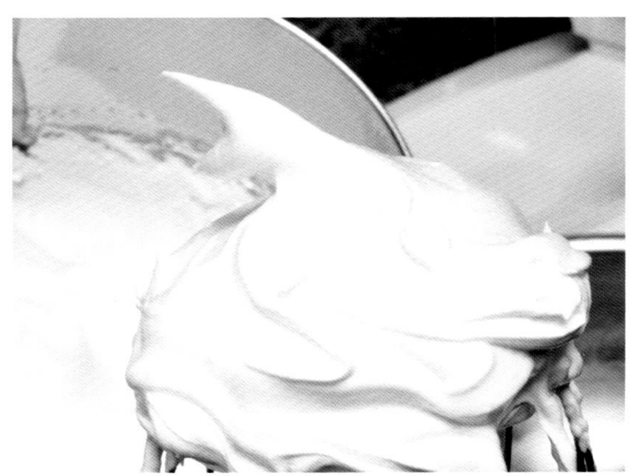

蛋白打发起泡的同时，用与蛋白等量的白砂糖加水制成的糖浆注入蛋白，制成意大利酥皮。有光泽，有适度的黏性和弹性。吉布斯特奶油（参考第74页）若想要口感变得轻盈，可以将其制成乳液，使其处于饱和状态，因此也可以用这种方式来进行装饰。

材料（分量参考各款甜品制作所需的量）

白砂糖、水、蛋白

制作方法

1

在锅中加入白砂糖和水用火烧开，一直加热到115～118摄氏度，熬制成糖浆。

2

在搅拌机中放入蛋白，设置好高速挡搅拌均匀。

3

蛋白打发到一定程度，将糖浆沿着碗边缓缓注入。然后开到中速挡，搅拌成坚挺的酥皮，完成品应该是非常有光泽的，呈明显的尖峰状。

榛子果仁糖

用文火熬制榛子和白砂糖1小时以上，制成我们自己的招牌榛子。就像熏制的过程一样，将烤过的榛子的香气沁入糖液中，一层是香甜的糖液，另一层包裹着榛子的香味。香香的榛子，可以用来粘贴在蛋糕上做装饰，也可以打碎来用，或者就在设计中当作一个孔洞。这是其独特的口感和味道。

材料（基本配方，方便制作的量）

白砂糖............................ 420克
水.................................... 100克
榛子................................ 700克

制作方法

1

在铜锅中加入白砂糖和水用火烧开，一直加热到115~118摄氏度，熬制成糖浆，然后加入榛子。加入的榛子我们需要事先在180摄氏度的平炉中烤制30~40分钟，引出它的香气。

2

最初的2～3分钟，需要用木勺不停炒拌，让每一颗榛子都裹上糖液。火力始终控制在小火。透明的糖液随着水分蒸发渐渐变白结晶。

3

慢慢地搅拌，渐渐变成茶色。经过30～35分钟，慢慢变成土黄色。

4

一直不停地搅拌，直到砂糖的白色全部消失，变成焦糖色。榛子慢慢被涂上深棕的焦糖色，用木勺舀起来，至焦糖会慢慢流下来的程度就可以关火了。

5

从开始搅拌到关火大概需要1个小时10分钟。避免焦糖浆粘在一起，趁热的时候我们尽量把榛子都摊开放置。

6

炒好的榛子中间是漂亮的焦糖色，除了有焦糖风味，榛子本身也是果香四溢。等冷却后，包裹的焦糖就凝固了，口感十分松脆。

秘制红色浆果

红色浆果做成的自家秘制的水果蜜饯，果肉可以做慕斯蛋糕的馅料，汁液可以用来涂抹在材料表面，可以帮助增加风味或者强调某一种口感。制作方法是，在冷冻的浆果中加入白砂糖腌渍出水分，加入柠檬汁烧开，水分全部都是水果本身离析出来的，可以保证新鲜的原汁原味的口感。

材料（基本配方，方便制作的量）

冷冻草莓……1000克
冷冻覆盆子……500克
冷冻木草莓……500克
白砂糖……600克
柠檬汁……80克
吉利丁片……10克

制作方法

1

在碗中放入冷冻草莓、冷冻覆盆子、冷冻木草莓，加白砂糖覆盖，室温下放置半天。

2

如图，5小时后，沁出水分的状态。

3

用过滤器分离果肉和果汁。

4

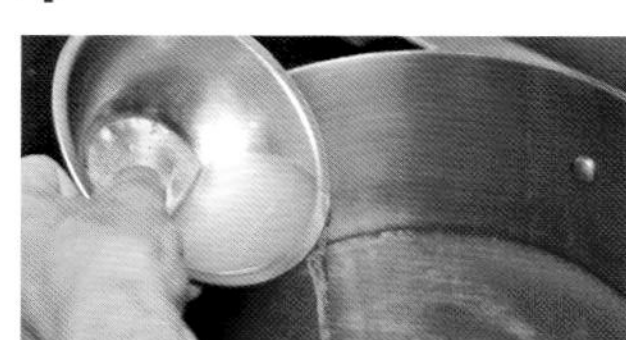

将汁液倒入锅中，加入柠檬汁，用火烧开。

5

煮沸的时候加入果肉，再煮开。

6

把步骤5的材料放入碗中，用水（材料之外）化开吉利丁片，放入碗中溶解并搅拌均匀。把碗底置于冰水中，用刮胶混合均匀，冷却到15摄氏度以下，放在容器中，冷藏备用。

橱窗产品陈列

小蛋糕、奶油泡芙等常规的点心，应季水果装饰起来的水果挞，还有形状独特的原创点心等，在特制的橱窗中陈列的产品总共有30种左右。在圣安娜和西普斯特等古典甜品中，适当加入原创的点心才是“非常安食”的做法。

シャインマスカットの
軍艦巻き
750 YEN
カシスとイチジクのリンツァー
540 YEN
ノワゼット バナーヌ エ カフェ
520 YEN
ベイクドチーズと
果実のタルトのマリアージュ
580 YEN
Grenoblois
グルノブロワ
460 YEN
Standard-Pudding
スタンダードプリン
260 YEN
Premium-Pudding
プレミアムプリン
290 YEN
ジャージープリン
290 YEN
モンブラン
520 YEN
Saint-Honore TONKA
サントノレ トンカ
490 YEN
Eclair café
エクレール カフェ
シュー・ア・ラ・クレーム
290 YEN

第 ② 章

安食雄二的经典甜品

正统的蛋糕，加上原创再设计后的出品就是安食自己的风格。在保留怀旧经典原汁原味的基础上，加上精挑细选的好食材，口感出色，出品设计感满满，可谓是安食雄二的经典作品了。

草莓蛋糕

自从跨入这行开始至今，在家族成员的生日等场合，安食主厨必会赠送自己做的小蛋糕。虽然是固定款式，但是为了确定自己想要的味道，还是会反复研究，因此这款蛋糕仍然称得上是“深奥的蛋糕”。用料一般都是黄油和奶油的基本组合，原本是全蛋只配50%的白砂糖，但现在改成了90%全蛋+10%蛋黄，白砂糖69%。虽然这已经是结合了素材的特性等研发出来的安食式黄金法则，但为了达到最佳状态，我们还是要管理好素材的组合方式、混合速度、时间等细节。特别是影响完成品的混合时的温度管理，需要十分注意。

材料（直径18厘米和15厘米各1个的量）

热那亚蛋糕

全蛋……270克

蛋黄……30克

白砂糖……207克

低筋粉……150克

融化的黄油……60克

糕点奶油

香草豆荚……1/5根

淡奶油（脂肪含量40%）……20克

牛奶……180克

白砂糖……40克

蛋黄……60克

低筋粉……6克

米粉……6克

发酵黄油……10克

组合成品

鲜奶油……如下准备，按需取用

- 淡奶油A（脂肪含量36%）……300克
- 淡奶油B（脂肪含量42%）……300克
- 白砂糖……60克

外交官奶油

- 鲜奶油……40克
- 糕点奶油……40克

草莓……2袋

糖粉……适量

制作方法

热那亚蛋糕

❶ 材料的制作方法参考第16页，在圆形模具的底部和侧面都铺上烤纸，材料加到八分满，把模具拿起来在操作台上“咚咚咚”地震动2～3回，然后放入平炉中烤制。

❷ 用上火180摄氏度，下火170摄氏度的平炉烤制。5号尺寸的（直径15厘米）烤制25分钟，6号尺寸的（直径18厘米）烤制27分钟。

❸ 从平炉中取出，在20厘米左右的高度倒扣，并敲击底部，把蛋糕取出来，放在木质托盘上。

❹ 30秒左右，上下翻转，贴了纸的那一面朝下，从炉子里刚取出来的一瞬间，隆起的表面会慢慢平复，静置一会儿，渐渐退去余热。

❺ 待蛋糕里面也完全冷却之后，撕掉表面的纸张，上下翻个儿，底部切去1厘米左右，去掉烤焦的颜色。

❻ 把步骤5的蛋糕切面向下，切片。从下面切出厚1.5厘米的2片，1厘米的1片，其余的放在一边备用。

1

4

2

5

3

6

糕点奶油

制作方法参考第30页，提前一天准备好，在冰箱冷藏室静置一晚备用。

组合成品

❶ 制作鲜奶油。两种淡奶油加白砂糖放入搅拌机的碗中，开低速挡搅拌5～6分钟。完成品的温度在10～14摄氏度。然后放入冰箱冷藏，放凉到6～7摄氏度。从冷藏的鲜奶油里取出40克，放在另一个碗里，把碗放在冰水中搅拌打发。

❷ 从冰箱冷藏室取出静置一晚的糕点奶油，用木勺轻轻搅拌均匀。然后把之前准备好的40克鲜奶油和步骤1的鲜奶油混合均匀，外交官奶油就做好了。

❸ 取厚度1.5厘米的热那亚蛋糕当成底坯，用抹刀涂上5～6毫米厚的外交官奶油。6号尺寸的外交官奶油用量是40克，5号尺寸的用量大约为35克。

❹ 在步骤3的完成面上盖上厚度为1厘米的热那亚蛋糕。

❺ 准备草莓。当作夹层用的草莓去蒂，并切成两半。

❻ 从冰箱冷藏室中取出步骤1做好的鲜奶油，做夹层和抹平用的比例为2：3，抹平用的鲜奶油放回冷藏室。用作夹层的鲜奶油在冰水里放置9分钟。在步骤4的完成面上，用抹刀抹上夹层鲜奶油，厚度控制在5～6毫米，涂抹均匀。

❼ 用作夹层的草莓均匀铺在步骤6的完成面上，把去了蒂的那一面朝向外侧，剖面朝下，由外到里围成一圈排列好。

❽ 在步骤7的完成面上抹上用作夹层的鲜奶油，用抹刀将草莓间的缝隙填满，刮平。鲜奶油的厚度控制在2厘米。

❾ 然后铺上厚度为1.5厘米的热那亚蛋糕，轻轻按压。侧面被挤出来的鲜奶油用抹刀抹平。我们可以把抹刀竖起来拿，沿着侧面抹一圈，被挤出来的鲜奶油可以涂抹在下面的蛋糕坯上。

❿ 从冷藏室中取出事先预留准备好涂面用的鲜奶油，放在冰水中用打蛋器打发7～8分钟。步骤9完成的部分放在裱花台上，用抹刀抹上2/3抹平用的鲜奶油，从中心由内向外涂抹均匀。侧面被挤出来的鲜奶油用抹刀抹平。我们可以把抹刀竖起来贴紧表面，转动裱花台涂抹均匀。涂抹完成面的厚度控制在6～7毫米。然后用粉筛在其表面筛上糖粉。用口径1.2厘米的星形裱花嘴挤出鲜奶油把草莓装点上去。

主题小蛋糕

用成熟的杧果加上黄金猕猴桃和香蕉做成的夏季限定的小蛋糕。除了使用的水果之外，其他步骤都参考草莓蛋糕（参考第41页），都是以轻盈的热那亚蛋糕和鲜奶油为主，只加入一层外交官奶油组合而成。因为是蛋糕店的明星产品，所以在没有草莓的季节也会用应季水果替代。

蜜桃小蛋糕

水灵灵，新鲜可口的蜜桃和鲜奶油混搭成夹层，是一款将水蜜桃细腻的甜味和香味完美诠释的夏季爆款小蛋糕。上面涂抹的鲜奶油是以桃子为印象调制的淡淡的粉色。除此之外，还有在糕点奶油中加入柠檬汁和淡奶油组合而成“柠檬小蛋糕”等丰富多彩的小蛋糕系列产品。

生奶酪

独立开业前，在担任糕点师工作的时候就一直都在做，并不断地改进配方成了非常特别的一款蛋糕。在安食主厨的所有蛋糕中，它和小蛋糕一样，是口碑最好、最有人气的产品之一。虽然是原创的，但据说是以安食主厨在首次工作的店“利之帆”时研发的雏形上改良而来的。基本的奶酪，从各种各样的组合中，考虑了酸味、食物、口感、奶香风味等，选择了“BUKO”和“KIRI”，还有酸奶油也是品牌产品。淡奶油选择乳脂成分高达45%的，在使用搅拌机与奶酪混合时为避免混合不均，要缓慢低速进行搅拌，使其充分混合均匀。

材料（完成量详见每个部分）

蒙娜丽莎饼干

（37厘米×8厘米的模具3份半的量）

糖粉 48克
杏仁粉 96克
生杏仁酱 25克
全蛋 80克
蛋黄 50克
法式酥皮
　蛋白 177克
　干燥蛋白 3.5克
　白砂糖 91克
融化的黄油 30克

甜杏仁酱蛋糕

→参考第18页

奶酪奶油

（37厘米×8厘米的模具1份的量）

奶油奶酪A
(丹麦产的BUKO) 237克
奶油奶酪B
(法国产的KIRI) 88克
酸奶油 20克
无糖炼乳 29克
白砂糖 45克
淡奶油（脂肪含量45%） 280克

柠檬奶油

（37厘米×8厘米的模具5份的量）

全蛋 115克
柠檬汁 50克
百香果果泥 7克
柠檬皮 1个半的量
白砂糖 67克
发酵黄油 60克

组合成品

鲜奶油* .... 适量

＊鲜奶油使用脂肪含量42%和35%的两种奶油按照1：1的量混合而成，再加入10%的白砂糖，打发6分钟左右完成。

奶油奶酪我们选了香浓型的BUKO和以顺滑为特点的KIRI这两款

柠檬奶油的材料。突出柠檬酸味的奶油涂在甜酱上，提升整体的风味

制作方法

蒙娜丽莎饼干

材料的制作方法参考第22页，按照37厘米×8厘米的模具，用厨刀切成厚度1.5厘米的薄片。

甜杏仁酱蛋糕

制作方法参考第18页。把在冰箱冷藏室静置一晚的材料拉伸成3.5毫米厚，上面嵌入37厘米×8厘米的模具，放入150摄氏度的风炉中。打开阻尼开关先烤制15分钟。然后将烤盘前后调换位置，烤制7～8分钟，等到全面上色完成后再烤制2～3分钟。蛋液（材料之外，在蛋黄中加适量水混合）涂在蛋糕表面，然后再烤制5～6分钟。

奶酪奶油

❶ 在搅拌机中加入两种奶油奶酪和酸奶油，在搅拌机中固定好，搅拌到奶油奶酪变得柔软为止。为了防止奶酪奶油下垂，需要将搅拌机碗和打浆机头事先冷却。
❷ 在碗中放入无糖炼乳和白砂糖，用打蛋器搅拌均匀。关掉搅拌机，把黏着在搅拌碗侧壁的材料刮下来，加入混合了白砂糖的炼乳，然后再次搅拌均匀。
❸ 加入淡奶油，搅拌均匀。为了尽量不混入空气，须低速充分搅拌直至顺滑。
❹ 把碗从搅拌机上取下来，用打蛋器混合碗中材料，直到调整到自己感觉差不多的硬度。

柠檬奶油

❶ 锅中加入全蛋、柠檬汁、百香果果泥，把柠檬皮削好放入。
❷ 用打蛋器轻轻搅拌，加入白砂糖，文火烧开。用打蛋器一直搅拌，直至蛋液渐渐变得黏稠。
❸ 关火，放入发酵黄油，搅拌均匀。
❹ 将步骤3完成的材料过滤到另一个碗中，然后在冷藏室冷藏一晚。

组合成品

❶ 取37厘米×8厘米的模具，放入蒙娜丽莎饼干，上面放上奶酪奶油，奶酪奶油可以放到裱花袋中挤入，避免接缝的地方留空隙。
❷ 用刮胶将奶酪奶油收紧。
❸ 用抹刀将奶酪奶油抹平，放入冷藏室静置大约两小时。
❹ 把甜杏仁酱蛋糕放在和模具的尺寸相匹配的板上，烤制的表面朝上放置。
❺ 在甜杏仁酱蛋糕上涂抹柠檬奶油。
❻ 把步骤3的完成品从冷藏室取出来，薄薄地涂上一层打发了6分钟左右的鲜奶油。
❼ 把步骤6的完成品放在步骤5的完成品上面，然后在其侧面用打火罐微微加热，来进行脱模。与模具的宽度相比，其直径非常小，如果用4厘米（刮胶的高度）以上的模具来做，把本来放在模具底部的板放到上面，就比较容易脱模了。
❽ 切成2.7厘米宽的条。

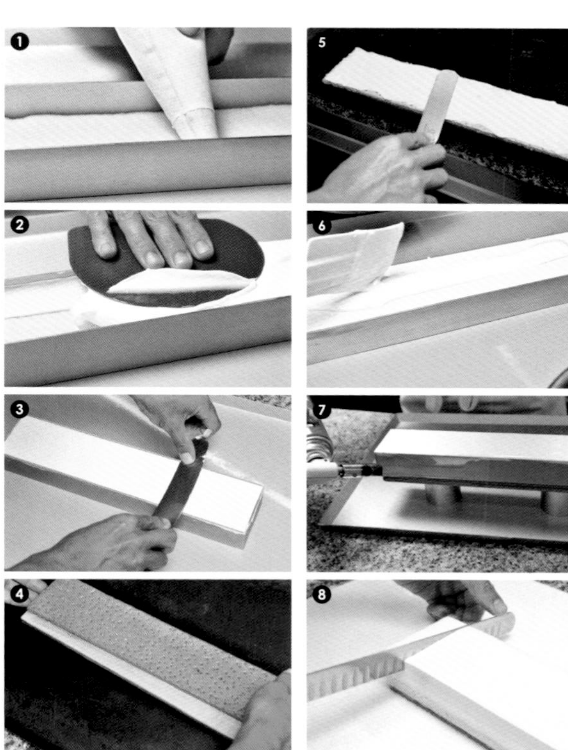

春天

这应该是在本店畅销不衰的“生奶酪”（参考第46页）的姐妹产品，名字就叫作“春天”。用到了大量的草莓、蓝莓、覆盆子的豪华材料配制的水果挞。考虑到和水果之间的平衡，上面的淡奶油也加足了量，做出来的口感较生奶油切块更加轻盈松软。其间，除了新鲜的莓类，还有添加另外3种莓类［欧洲产圣加圣加（Senga Sengana）草莓、弗雷泽草莓、覆盆子］的版本。用烤制的挞底盛装草莓，品味各种各样莓类的美味也是有很多乐趣呢！另外，还有同款设计的新鲜杧果和杧果奶油组合的“雅特”（夏天）和“伊维尔”（冬天）（参考第50页）。

材料（直径6厘米的小圆挞模具10个的量）

甜杏仁酱蛋糕

→参考第18页

杏仁奶油霜

（准备好如下的分量，每个的用量是18克）

杏仁奶油*[1] 200克

糕点奶油*[2] 100克

＊1. 杏仁奶油的材料和配方参考第33页。

＊2. 糕点奶油的材料和配方参考第30页。

奶酪奶油

奶油奶酪A(丹麦产的BUKO)

....130克

奶油奶酪B(法国产的KIRI) 50克

酸奶油.....................................15克

白砂糖.....................................25克

无糖炼乳 24克

淡奶油（脂肪含量45%）.......190克

组合成品

草莓 8颗

秘制红色浆果*[3] .... 适量

白色冰激凌 .... 适量

樱桃白兰地 2.5克

糕点奶油*[2] 40克

覆盆子.....................................10颗

秘制红色浆果*[3]

.............100克（每个里面放10克）

蓝莓 20颗

寒天液..................................... 适量

白巧克力片 10块

＊3. 秘制红色浆果的材料准备和制作方法可以参考第37页。

冬天

饼底是用甜杏仁酱蛋糕浇上杏仁奶油霜烤制成的挞。中间放上苹果块。周围一圈是香醇的朗姆酒风味的苹果沙司。这个苹果沙司是用朗姆酒反复酿了4次，直到表面出现包浆一样的光泽。和“春天”一样，用奶酪奶油装饰成冬天的一道风味。

制作方法

甜杏仁酱蛋糕

蛋糕的制作方法参考第18页。静置一晚的材料拉伸成2毫米厚，放入直径6厘米的小圆挞模型中。

杏仁奶油霜

杏仁奶油（参考第33页）和糕点奶油（参考第30页）按照2：1的比例混合。

奶酪奶油

❶ 在搅拌机中加入两种奶油奶酪和酸奶油，并固定好，搅拌到奶油奶酪变得柔软为止。为了防止奶油奶酪下垂，将搅拌碗和打浆机头事先冷却。

❷ 在碗中放入无糖炼乳和白砂糖，用打蛋器搅拌均匀。关掉搅拌机，把黏着在搅拌碗侧壁的材料刮下来，加入混合了白砂糖的炼乳，然后再次搅拌均匀。

❸ 加入淡奶油，搅拌均匀。为尽量不混入空气，需要低速、充分搅拌直至顺滑。

❹ 把碗从搅拌机上取下来，用打蛋器混合碗中材料，直到调整到自己感觉差不多的硬度。

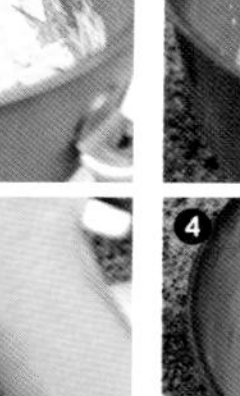
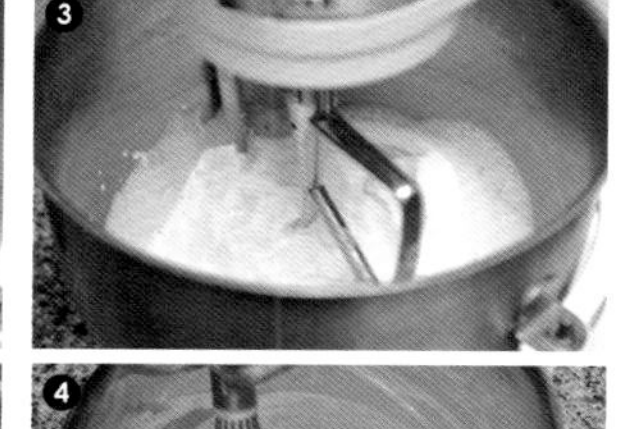
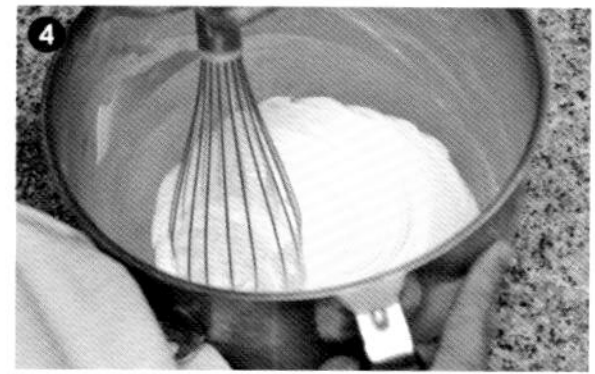

组合成品

❶ 把放好甜杏仁酱蛋糕的模具放到烤盘上，各挤入18克杏仁奶油霜。

❷ 草莓去蒂，十字纵切，取1/4放在步骤1的完成面上。

❸ 上火154摄氏度，下火140摄氏度。在平炉中烤制大约50分钟。从开始烤制到30分钟左右，杏仁奶油霜会上浮起来，所以我们需要将每一个模具在烤盘上敲打，确保其底部烤制充分。

❹ 烤完之后用刷子在挞的表面刷上一层秘制红色浆果的汁液。

❺ 把挞放到加了白色冰激凌的碗中，底面和侧面都沾上白色冰激凌，放在板上晾干。

❻ 糕点奶油中加入樱桃白兰地，放入裱花袋中，装上7毫米裱花嘴，在挞的边缘挤一个圈。

❼ 装满水果。草莓去蒂十字切开。两瓣呈对角线放在糕点奶油上面，覆盆子间隔放置在另外两侧。

❽ 正中间放上秘制红色浆果、两颗蓝莓，放置的时候也是对切，横切面朝上，以平衡整体的色调。用刷子刷上寒天液，带出光泽，保持造型。

❾ 裱花袋装上1.5厘米的裱花嘴，放入奶酪奶油，挤到步骤8的完成面上。

❿ 最后成品用圆形的白巧克力片来装饰。

奶酪和水果派

上面是贵腐酒风味的烤奶酪蛋糕，下面是加了很多新鲜大杧果做的奶酪和水果派。经典烤奶酪加上新鲜水果和杏仁奶油，再加上脆脆的饼底，两层纯手工制作奶酪蛋糕。我们使用的大杧果，是宫崎县产的，味道丰富，甜香浓郁。上下两层奶酪的组合口感柔和，相得益彰。安食主厨觉得奶酪奶油是“卡仕达酱加奶酪和法式酥皮组合的产物”。不过，我们不仅仅是加入蛋黄来煮熟这么简单，我们会在牛奶中加玉米淀粉煮成糊状，然后加入奶油奶酪搅拌均匀，再加入蛋黄和法式酥皮。需要特别注意的是，为了不让饼底浮起来，一定要在低温下烤。

材料（直径15厘米，高2厘米和4厘米的模具2个的量）

甜杏仁酱蛋糕

（15～20个的分量，准备好如下的分量，分成2份使用）

发酵黄油……300克
糖粉……188克
盐……2.3克
全蛋……85.6克
香草豆荚……1/10根
低筋粉……485克
杏仁粉……77克

杏仁奶油

材料和配方参考第33页。用量为320克。

奶酪奶油

牛奶……150克
无糖炼乳……15克
白砂糖……9克
贵腐酒……9克
玉米淀粉……13.5克
奶油奶酪（法国产的KIRI）……240克
酸奶油……24克
蛋黄……76克
发酵黄油……46.5克
法式酥皮
- 蛋白……49.5克
- 白砂糖……57克

组合成品

大杧果……1个

大杧果是用了风味丰富的日本国产大杧果，图片上就是糖分足、果汁多的宫崎县产的大杧果，3L的尺寸

演绎

上面一层是烤奶酪蛋糕，下面一层是加了新鲜水果烤制成的派。我们是分成两层分别制作完成再组合起来的，所以蛋糕派里的水果可以变化演绎出不同的奶酪蛋糕风味来。水果可以用草莓、覆盆子、洋梨等应季水果。照片中的是苹果（品种红玉）。因为加了新鲜的水果烤制，会有果汁沁到杏仁奶油里面，烤制完成的成品香气会更加馥郁。

制作方法

甜杏仁酱蛋糕

蛋糕的制作方法参考第18页。提前一天准备好，在冰箱冷藏室静置一晚备用。

杏仁奶油

参考第33页。提前一天准备好，在冰箱冷藏室静置一晚备用。

奶酪奶油

❶ 将牛奶、无糖炼乳、白砂糖和贵腐酒放到铜碗中混合均匀。放入玉米淀粉在中火上加热。为了使其受热均匀，我们一边转动碗一边用打蛋器不停地搅拌。

❷ 在温度达到70摄氏度左右的时候，玉米淀粉就会糊化，出现黏性。继续搅拌1分半钟左右，开小火。等到完全糊化后关火。完成之后会非常有黏性。

❸ 奶油奶酪和酸奶油混合后放入微波炉，加热到36～40摄氏度。

❹ 把步骤3准备好的材料分3次添加到步骤2的成品中搅拌均匀。每次加入的时候都要用打蛋器充分搅拌均匀，搅拌六分左右，均匀了再添加之后的部分。

❺ 这部分的工作我们可以在关了火的炉灶上进行，可以根据需要随时开关火，使铜碗中的温度一直维持在40摄氏度左右，并不停搅拌。混合完成之后应该是非常均匀、稳定、有光泽的状态。

❻ 把加热到30摄氏度的蛋黄一起加入。

❼ 和步骤5一样达到40摄氏度之后，用打蛋器搅拌均匀。

❽ 把发酵黄油放到碗中加热融化。

❾ 把步骤8的材料加入步骤7的材料中，用打蛋器混合均匀。把碗放到操作台上，用打蛋器搅拌，温度降到40摄氏度左右。

❿ 在完成步骤1～9的同时，我们把蛋白和白砂糖混合，用搅拌机搅拌均匀，做成法式酥皮（参考第34页）。然后把法式酥皮加到步骤9的材料当中，用刮胶兜底翻拌混合均匀。这里使用的法式酥皮，糖分比较多。也没有达到尖峰状态，可以放一下再进行操作。这一步的关键是与步骤9的奶酪奶油达到差不多一致的软硬程度。

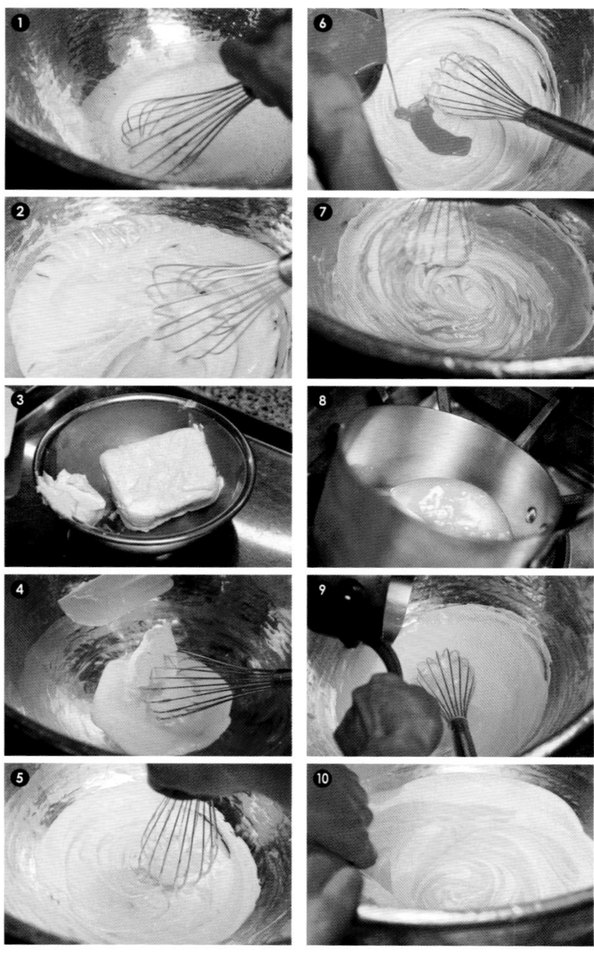

组合成品

❶ 放置一晚上的甜杏仁酱蛋糕面团拉成厚约3毫米的长方体。当作饼底的部分用直径15厘米的模具抠出备用。其余用作侧面的部分切成宽度为1.7厘米的带状。如此各准备两份备用。

❷ 烤盘铺好烤纸放上材料，放上直径15厘米、高2厘米的模具。将材料沿着模具的内侧围一圈放好，贴紧模具内壁，然后用刀子把多余的部分切掉。

❸ 脱模的时候，用刀子划一下脱模。

❹ 把杏仁奶油从冰箱里拿出，放回室温，用木勺轻轻揉搓搅拌至顺滑。

❺ 裱花袋装好裱花口，把步骤4的材料放入裱花袋中，从中心往外边转圈边挤出螺旋状。杏仁奶油的量一个约160克。

❻ 大杧果纵切成3份，两侧鼓起肉多的部分各切成大小均匀的8条，去皮。中间部分去掉果核切成适当的大小。

❼ 在杏仁奶油的上方铺上大杧果，铺的时候呈放射状。

❽ 在步骤7的材料上面，放入直径15厘米、高4厘米的模具。这是为了防止烤制时热风直接对着吹（防止表面的水分不蒸发）。

❾ 为了防止其位移，我们用4个小小的模具放在其周围帮忙定位。然后放入153摄氏度的风炉中烤制，烤制大约45分钟。首先打开前板烤制20分钟，然后调换烤盘的前后位置，继续烤10分钟。在这里检查一下上面的大杧果是否干燥。再烤5分钟后，为了防止过分干燥，在上面盖上一层烤纸，然后再烤制10分钟。

❿ 等颜色变成黄色，就从烤箱中取出。上下状态保持不变，在上面放着的模具侧面围上烤纸。

⓫ 把奶酪奶油分成两份分别注入。

⓬ 将抹刀竖着放入奶酪奶油中，然后慢慢地搅拌，把气泡弄碎。

⓭ 放入85摄氏度的烤箱中，每隔6分钟一边加入蒸汽一边烤，大约25分钟后烤制完成。一旦打开烤箱门，蒸汽就会跑掉。我们在没有蒸汽的情况下，继续烤制8分钟。然后放入上下火均220摄氏度预热的烤箱中，打开微波，继续烤制约1分钟。

⓮ 烤制完成后，先不脱模，用煤气喷枪烧一下上色。

⓯ 在模具内侧用抹刀划一圈脱模。拿开烤纸，下面的模具脱模完成。

法式弗雷泽蛋糕（草莓）

作为法式古典点心而被人们所熟知的弗雷泽蛋糕，安食雄二的配方也有不同的风格。一般的弗雷泽蛋糕是用樱桃白兰地沁润的蛋糕，加上慕斯奶油，再夹入新鲜的草莓组合而成。而安食雄二独有的配方是用蛋糕挞作为饼底。然后在其上面加上枫糖风味的蒙娜丽莎饼干和草莓。浓郁的奶油和酸酸甜甜的草莓，无论在视觉效果上还是口感上都是非常出彩的搭配。

材料（直径15厘米，高2厘米+4厘米的模具1个的量）

甜杏仁酱蛋糕

→参考第18页。准备好厚度为3毫米的酥皮。作为挞底的部分用直径15厘米的模具抠出来备用。侧面的部分，切成宽度为1.7厘米的带状。

杏仁奶油

→参考第33页。使用量为150克。

枫糖风味的蒙娜丽莎饼干

（38.5厘米×27.5厘米的模具4份的量）

杏仁粉……344克
糖粉……204克
枫糖……48克
生杏仁酱……100克
全蛋……320克
蛋黄……200克
法式酥皮
- 白砂糖……300克
- 干燥蛋白……14克
- 蛋白……708克

低筋粉……308克
融化的黄油……120克

开心果风味的慕斯奶油

洋甘菊蘑菇风味的英式蛋奶酱
……制作如下分量，取用30克
- 牛奶……310克
- 洋甘菊……13.5克
- 淡奶油A（脂肪含量45%）……68克
- 白砂糖……34克
- 蛋黄（加糖20%）……126克
- 甜品果冻……7.5克
- 淡奶油B(脂肪含量45%)……203克

发酵黄油……60克
开心果酱……20克
意大利酥皮
……准备如下分量，取用20克
- 白砂糖……100克
- 水……30克
- 蛋白……50克

组合成品

草莓……11颗
甜杏仁酱*……适量
糖粉……适量

*生杏仁酱拉伸成2毫米厚，用直径15厘米的模具抠好。

制作方法

枫糖风味的蒙娜丽莎饼干

❶ 搅拌机中放入杏仁粉、糖粉、枫糖，混合均匀。生杏仁酱撕碎放入，搅拌30～40秒，完全混合均匀。
❷ 全蛋和蛋黄放入碗中搅拌均匀，分几次加入步骤1的材料中混合均匀。等材料全部混合均匀后移入碗中。
❸ 法式酥皮（参考第34页）用打蛋器轻轻搅拌。用打蛋器舀一点放入步骤2中。转动碗，然后用刮胶兜底翻拌均匀。加入剩下的法式酥皮，不要把泡泡挤破，彻底搅拌均匀。
❹ 筛入低筋粉，用同样方法搅拌均匀。
❺ 加入剩下的法式酥皮，用同样方法搅拌均匀。黄油加热融化到60摄氏度之后加入。全体统一搅拌均匀。
❻ 烤盘铺上烤纸，倒入步骤5的材料中，表面弄平。
❼ 在上下火都是200摄氏度的平炉中烤制15分钟。烤盘前后调换位置，继续烤2～3分钟。

开心果风味的慕斯奶油

❶ 制作洋甘菊蘑菇风味的英式蛋奶酱。在锅中倒入牛奶和洋甘菊，小火煮开。煮开后将锅盖盖上再煮2分钟，煮出香味。
❷ 将步骤1的材料过滤后放入碗中，补足减少的牛奶（材料之外）到原来的310克。
❸ 把步骤2的材料放回锅中，加入淡奶油A、白砂糖，中火煮开，加入蛋黄混合均匀。
❹ 烧开后加入甜品果冻，锅底用冷水和冰水冷却到30摄氏度，加入淡奶油B混合均匀。
❺ 搅拌机加入已室温回温的发酵黄油，中速挡搅拌均匀。
❻ 步骤5的材料完全打发后，加入步骤4的材料和开心果酱。再次搅拌均匀。全体打发至蓬松后移入碗中，和意大利酥皮混合均匀（参考第35页）。

组合成品

❶ 烤盘铺上烤纸，放入直径15厘米、厚3毫米的甜杏仁酱蛋糕，然后放入直径15厘米、高2厘米的模具。侧面的材料沿着模具内壁围一圈放置，并紧贴模具内壁，用抹刀切掉其余部分。
❷ 杏仁奶油装入裱花袋中，在步骤1的模具中由外向内呈螺旋状挤入。
❸ 放入150摄氏度的风炉中，烤制35分钟。
❹ 在步骤3烤制好的挞上涂上一层薄薄的开心果风味的慕斯奶油，在其上方放置直径15厘米、高4厘米的模具，草莓去蒂，对切，剖面朝下并列放好，不要留缝隙。然后淋上开心果风味的慕斯奶油。
❺ 在步骤4的材料上放上用直径15厘米的模具抠出来的枫糖风味的蒙娜丽莎饼干，烤制的那一面朝下放置。
❻ 在枫糖风味的蒙娜丽莎饼干的上方涂上一层薄薄的步骤4剩下的开心果风味的慕斯奶油。放上甜杏仁酱，贴合紧实。放入冰箱冷藏室冷藏30分钟。
❼ 脱模，完成后撒上糖粉。

草莓派

大颗的“甜王”草莓堆砌的草莓派，在一众小蛋糕中也是格外引人注目。考虑到要充分发挥素材的优点，新鲜的草莓和外交官奶油加上白巧克力甘纳许的组合，在挞皮上挤上杏仁奶油和独家的秘制红色浆果汁液，经过多道复杂的工序，更加凸显草莓可口的味道。再用棒状的法式酥皮装饰，形成非常赏心悦目的一道甜品设计。

材料（直径21厘米，1个的量）

甜杏仁酱蛋糕

→参考第18页。拉成厚度3毫米的尖峰状备用。挞底部分用直径21厘米的模具抠出来。侧面的部分切成宽度为1.7厘米的长条备用。

杏仁奶油

→参考第33页。使用量为460克。

糕点奶油

→参考第30页。使用量为75克。

外交官奶油

鲜奶油*[1]................................150克
制果用本葛粉（广八堂）........0.2克
糕点奶油..................................75克

*1. 鲜奶油是用淡奶油（脂肪含量45%），加入10%的白砂糖制成，达到九分起泡。

白巧克力甘纳许

白巧克力..................................15克
淡奶油（脂肪含量40%）.......150克
脱脂牛奶..................................3.3克

法式酥皮

蛋白...252克
红糖...57克
白砂糖......................................324克
糖粉...138克

组合成品

秘制红色浆果*[2]........................适量
糖粉...适量
甜王草莓..................................16颗

*2. 秘制红色浆果的材料和制作方法参考第37页。

制作方法

外交官奶油

在鲜奶油中加入制果用本葛粉混合后，加入糕点奶油，轻轻混合均匀。

白巧克力甘纳许

❶ 碗中放入白巧克力，隔水煮化。同时，把淡奶油放在锅中煮开。
❷ 等白巧克力融化后，将煮开的淡奶油分几次，一点点加入，其间一直用打蛋器搅拌，使其乳化。乳化完成后，将剩下的淡奶油全部倒入混合均匀。
❸ 把碗的底部放入冰水中混合，降到10摄氏度左右，放入冰箱冷藏室静置一晚。
❹ 第2天，从冷藏室中取出，加入脱脂牛奶，用搅拌机搅打5分钟。使用前将碗底放入冰水中，用打蛋器打发至九分。

法式酥皮

❶ 搅拌机中放入蛋白、红糖和1/3的白砂糖，高速挡搅打5分钟。加入剩下的一半白砂糖再搅打5分钟，最后加入剩下的白砂糖搅打10分钟。
❷ 在烤盘中放入烤纸，裱花袋装上7毫米的口径，放入步骤1准备好的材料，挤成棒状，撒上糖粉。
❸ 上下火均120摄氏度，平炉烤制1～1.5小时。

组合成品

❶ 在烤盘上放上直径21厘米、厚3毫米的甜杏仁酱蛋糕。然后放上直径21厘米、高2厘米的模具。侧面的材料沿着模具内壁围一圈，使其紧贴模具内壁，多余部分用抹刀切掉。
❷ 将杏仁奶油从冷藏室中取出，放回室温，用木勺轻轻搅拌软和。裱花袋装好裱花嘴，将杏仁奶油放入裱花袋中，在步骤1的模具中由中心向外旋转挤出。
❸ 在150摄氏度的风炉中烤制50分钟～1小时。
❹ 烤制完成后，表面涂上秘制红色浆果的汁液。等到完全冷却后在挞皮的侧面撒上糖粉。
❺ 糕点奶油装入口径7毫米的裱花袋中，挤在挞皮上。甜王草莓去蒂，对切，剖面朝外沿着边缘放好，然后淋上外交官奶油。剩下的甜王草莓分成2等份，插入奶油中。缝隙用外交官奶油填满。
❻ 在步骤5的材料上面涂上白巧克力甘纳许，切成12等份。法式酥皮折成适当的长度，进行立体装饰。

手握黄金桃挞

水果挞，我们把优质的水果当成“寿司材料”，做成一个“寿司系列”。“手握黄金桃挞”是采用风味浓郁的山形县产的“黄金桃”和外交官奶油搭配在一起做成夏季的水果挞。作为基础的挞皮涂了白桃果泥的糖浆，挤上糕点奶油，加上沁渍了白桃风味糖浆的热那亚蛋糕，组合完成！

宫崎杧果大手握

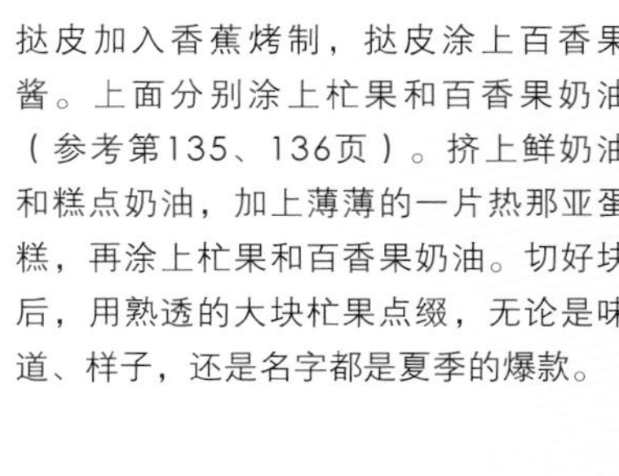

挞皮加入香蕉烤制，挞皮涂上百香果酱。上面分别涂上杧果和百香果奶油（参考第135、136页）。挤上鲜奶油和糕点奶油，加上薄薄的一片热那亚蛋糕，再涂上杧果和百香果奶油。切好块后，用熟透的大块杧果点缀，无论是味道、样子，还是名字都是夏季的爆款。

美国车厘子军舰卷

甜杏仁酱蛋糕加上杏仁奶油做成挞皮，上面涂上野草莓炖品（参考第165、167页）的糖浆。冷却后卷入糕点奶油捏紧，再挤上鲜奶油，分成12等份。美国车厘子去核对切，装饰在其表面。

奶油泡芙

材料中加入了杏仁碎，使用波旁香草的糕点奶油加入混有淡奶油的外交官奶油。奶油泡芙是西点店中必不可少的经典，烤制焦香的表皮加上浓厚的奶油，呈现口感上的鲜明对比，是法式点心经典的味道。像这样强调咸香的材料，放入平炉烤制后，为了使表面膨起来，我们要放入风炉中干烤。为达到表面完美的膨胀效果，我们可以用叉子在面团表面叉几个洞。这样做的原理是面团受热形成的蒸汽容易蒸发，完成后的面皮不易回潮。

材料（20个的量）

泡芙皮

牛奶……337克
白砂糖……6.7克
盐……6克
发酵黄油……144克
低筋粉……96克
高筋粉……96克
全蛋……350克
蛋白……88克
糖粉……适量
杏仁碎……适量

外交官奶油

糕点奶油*……1000克
淡奶油A（脂肪含量35%）……75克
淡奶油B（脂肪含量42%）……75克
*糕点奶油的材料和制作方法参考第30页。

组合成品

糖粉……适量

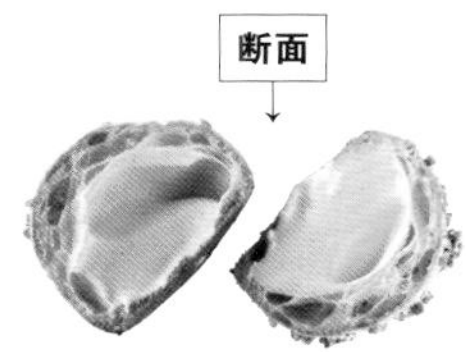

外交官奶油中糕点奶油的成分比较多，味道比较浓郁。一个泡芙中挤入55～60克

制作方法

泡芙皮

❶ 材料的制作方法参考第20页。裱花袋用1.2厘米口径的。把材料放入裱花袋中，在烤盘上挤出直径4.5厘米的圆形。可以先用小麦粉在烤盘上画个印子，这样挤起来就比较方便。
❷ 蛋黄加少量水（材料之外）用刷子刷在表面，为了使其在烤制的过程中完美膨胀，用叉子压出纹路。
❸ 拌上糖粉的杏仁碎撒在步骤2的材料上面烤制。
❹ 上火210摄氏度，下火190摄氏度的平炉中烤制20～30分钟。然后在150摄氏度的风炉中烤制约10分钟完成。我们用平炉烤制，把面团发大，然后用风炉来风干表皮。烤制完成后在底部开一个孔，散掉中间的蒸汽。

外交官奶油

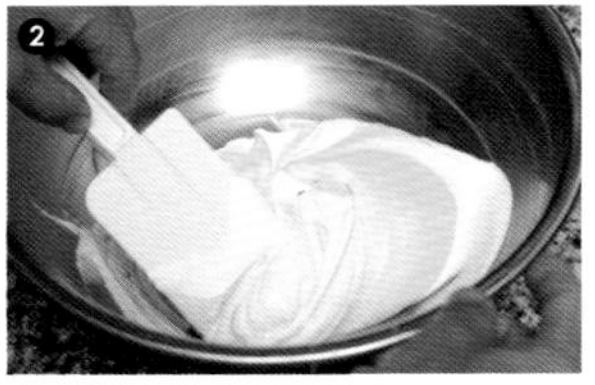

❶ 从冷藏室中取出需要用到的糕点奶油，放到碗中，用刮胶搅拌。
❷ 另取一碗放入淡奶油A和淡奶油B，碗底放入冰水中，用打蛋器搅拌均匀到七分，加入步骤1的材料中，用刮胶充分搅拌均匀。

组合成品

在口径7毫米的裱花袋中装入外交官奶油，从泡芙皮的底部注入。最后撒上糖粉。

曲奇泡芙

吃起来沙沙脆脆的口感，用和传统的奶油泡芙（参考第62页）完全不同的方式制作出来的一款泡芙。安食主厨想让你“一口可以吃到浓郁的蛋香风味和满满的奶油”。所以糕点奶油中没有使用香草。牛奶也是选用了清爽的低温灭菌牛奶。所以可以直接感受到鸡蛋的香味和口感。加上使用了淡奶油，更加可以品尝到一丝淡淡的香甜。泡芙皮也跟着奶油稍稍做了改变，具有曲奇饼干的风味。

材料（20个的量）

泡芙皮

牛奶 280克
白砂糖......6克
盐......5克
发酵黄油......120克
低筋粉......80克
高筋粉......80克
全蛋......348克

曲奇饼干

（以下是方便制作的量）
发酵黄油......1200克
糖粉......300克
生杏仁酱......900克
低筋粉......900克

外交官奶油

糕点奶油......
准备以下分量，使用量为1000克
低温杀菌牛奶......1000克
白砂糖......100克
海藻糖......100克
蛋黄......340克
低筋粉......50克
淡奶油A（脂肪含量35%）......75克
淡奶油B（脂肪含量42%）......75克
白砂糖......15克

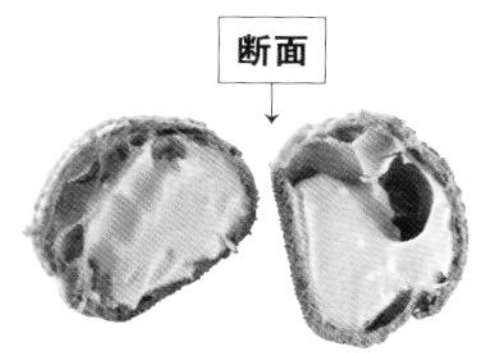

一个泡芙的外交官奶油用量为55～60克。“奶油泡芙”（参考第62页）是糕点奶油和淡奶油的组合，这里用的是加了10%白砂糖的淡奶油

制作方法

泡芙皮

泡芙皮的做法参考第20页（材料不尽相同，但制作方法都是一样的）。

曲奇饼干

❶ 发酵黄油放入碗中室温软化，用打蛋器打至沙拉酱状。加入糖粉用打蛋器充分搅拌均匀。
❷ 加入生杏仁酱充分搅拌均匀，加入低筋粉，用刮胶充分搅拌直到没有粉末。
❸ 然后将材料平摊到保鲜膜上，摊薄到1厘米左右厚度，并用保鲜膜整个包裹起来放入冷藏室内冷藏。

外交官奶油

❶ 糕点奶油的制作方法参考第30页（材料不尽相同，但制作方法是一样的）。从冷藏室中取出所需的足量的糕点奶油，放入碗中，用刮胶搅拌均匀。
❷ 将淡奶油A和淡奶油B放到另一个碗中，淡奶油的10%加入白砂糖，将碗底放到冰水中，用打蛋器打到七分左右。
❸ 将步骤2的材料加入步骤1的材料中，用刮胶充分搅拌均匀。

组合成品

❶ 把泡芙皮材料放到口径1.2厘米的裱花袋中，在烤盘上挤出直径4.5厘米的圆形。可以预先在烤盘上用小麦粉画出模具的印子，这样挤起来就比较方便。
❷ 从冷藏室中取出曲奇饼干的材料，做成直径5厘米的棒状。再度放入冷藏室，使面团松弛，切成1.5毫米厚，放到步骤1的材料上。
❸ 上火180摄氏度，下火190摄氏度的平炉烤制20～30分钟，然后再用150摄氏度的风炉烤制大约10分钟。
❹ 外交官奶油装入口径7毫米的裱花袋中，挤入烤制好的泡芙皮中。

咖啡闪电泡芙

泡芙皮加糕点奶油用翻糖法制作的闪电泡芙是法国最经典的甜品，没有之一。在法国是男女通吃，老少咸宜的必点爆款。闪电泡芙有各种各样的风味，但最常见的还是咖啡或者巧克力风味。安食雄二的咖啡闪电泡芙，是在星形的裱花嘴做成的表皮中，挤入咖啡风味的外交官奶油。上面饰以咖啡风味的翻糖和粒状巧克力，就在经典款式上增添了摩登风情。

材料（10个的量）

泡芙皮

牛奶 280克
白砂糖...6克
盐 5克
发酵黄油 120克
低筋粉.......................................80克
高筋粉.......................................80克
全蛋 348克

咖啡风味的外交官奶油

淡奶油A(脂肪含量35%) 10克
速溶咖啡 2克
咖啡浓缩提取液（多弗洋酒贸易"咖啡托克布兰奇"）..............4克
糕点奶油*[1] 400克
淡奶油B（脂肪含量35%）.......25克
淡奶油C（脂肪含量42%）......25克

*1. 糕点奶油的做法参考第30页。

组合成品

粒状巧克力 每个7粒
咖啡风味的翻糖*[2]..................... 适量

*2. 枫糖中加入适量的风味（咖啡精）混合而成。

棒状的泡芙，从两端挤入奶油。裱花嘴插过的孔用粒状巧克力封住

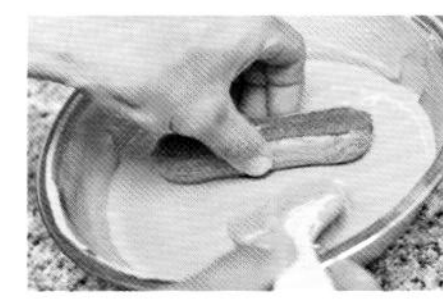
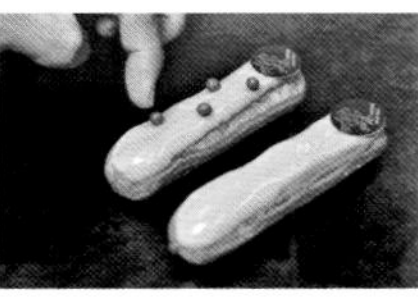

泡芙皮填满后，表面滚上咖啡风味的翻糖，再用粒状巧克力点缀

制作方法

泡芙皮

材料的制作方法参考第20页（材料各不相同，但制作过程还是一样的）。把材料装进6B裱花口的裱花袋中，在烤盘上挤出长11厘米的棒状。蛋黄中加入少许水分（材料之外）涂抹均匀，上火180摄氏度，下火190摄氏度平炉烤制30分钟左右。烤好后，在棒状泡芙皮的两端开小孔，让其内部的蒸汽尽快散发。

咖啡风味的外交官奶油

❶ 碗中放入淡奶油A、速溶咖啡、咖啡浓缩提取液，混合均匀。
❷ 冷藏室中取出事先准备好的糕点奶油，放入碗中，用刮胶搅拌均匀。
❸ 步骤1和步骤2的材料混合均匀。
❹ 另取一个碗，加入淡奶油B和淡奶油C，用打蛋器打至七分。加入步骤3的材料中，混合均匀。

组合成品

❶ 将咖啡风味的外交官奶油装入口径7毫米的裱花袋中，将材料注入泡芙皮中，全部注满后，用粒状巧克力塞住两个孔。
❷ 上面涂好咖啡风味的翻糖，用粒状巧克力装饰完成。

留兰香薄荷闪电泡芙

这款泡芙中间加了留兰香薄荷风味的外交官奶油。这里的要点是留兰香薄荷的叶子要用研磨钵捣碎。如果用搅拌机的话搅拌过程中产生的热量会使叶子发黑。如果用研磨钵的话就可以保持叶子鲜美碧绿的色泽了。研磨好的薄荷叶中加入柚子汁，然后拌入糕点奶油中。这样，留兰香薄荷的香气和颜色就被封存了。薄荷的清凉和醇厚的糕点奶油真正是意想不到的极妙组合！在翻糖和奶油中加入柚子的酸味又提味不少。虽然看起来是非常简单的搭配，但是口感独特，是主厨的一款得意之作。

材料（10个的量）

泡芙皮

牛奶……280克
白砂糖……6克
盐……5克
发酵黄油……120克
低筋粉……80克
高筋粉……80克
全蛋……348克

薄荷风味的外交官奶油

留兰香薄荷……9克
柚子汁……4克
糕点奶油*……400克
淡奶油A（脂肪含量35%）……30克
淡奶油B（脂肪含量42%）……30克
*糕点奶油的做法参考第30页。

组合成品

柚子汁……适量
粒状巧克力……每个2粒
翻糖……适量
柚子皮削片……适量
枫糖……适量

制作方法

泡芙皮

材料的制作方法参考第20页（材料各不相同，但制作过程还是一样的）。把材料装进6B裱花口的裱花袋中，在烤盘上挤出长11厘米的棒状。蛋黄中加入少许水分（材料之外）涂抹均匀，上火180摄氏度，下火190摄氏度平炉烤制30分钟。烤好后，在棒状泡芙皮的两端开小孔，让其内部的蒸汽尽快散发。

薄荷风味的外交官奶油

❶ 留兰香薄荷的叶子加上柚子汁放入研磨钵中，用研磨棒捣碎。
❷ 冷藏室中取出事先准备好的糕点奶油，放入碗中，用刮胶搅拌均匀。
❸ 步骤1和步骤2的材料混合均匀。
❹ 另取一个碗，加入淡奶油A和淡奶油B，用打蛋器打至七分。加入步骤3的材料中，混合均匀。

组合成品

❶ 将薄荷风味的外交官奶油装入口径7毫米的裱花袋中，将材料注入泡芙皮中，全部注满后用粒状巧克力塞住两个孔。
❷ 上面涂上加了柚子汁的翻糖，最后用削好的柚子皮和枫糖装饰完成。

圣托诺雷泡芙蛋糕

圣托诺雷泡芙蛋糕在日本的甜品圈人气和知名度都非常高。有焦糖或者玫瑰等各种各样的风味版本。安食主厨推荐的是一款无糖的泡芙皮配纯白奶油的经典款。但是，上面挤的奶油不是普通的鲜奶油，而是用零陵香豆沁渍了一晚的白巧克力加淡奶油打发起来的。极具异国风情甜香的零陵香豆风味的加持是这款甜品的独特风格。泡芙皮中则是风味浓郁的外交官奶油内馅。

材料（10个的量）

油酥点心

参考第28页。拉伸成1毫米厚度，醒发一晚。用直径7厘米的模具抠出10个准备好。

泡芙皮

牛奶……337克
白砂糖……6.7克
盐……6克
发酵黄油……144克
低筋粉……96克
高筋粉……96克
全蛋……350克
蛋白……88克
→材料的制作方法参考第20页。

外交官奶油（泡芙馅用）

糕点奶油*[1]……150克
淡奶油A(脂肪含量35%)……11克
淡奶油B（脂肪含量42%）……11克

外交官奶油（组合用）

糕点奶油*[1]……100克
淡奶油C(脂肪含量40%)……100克
白砂糖……7克
*1. 糕点奶油的制作方法参考第30页。

零陵香豆奶油

白巧克力……60克
淡奶油D(脂肪含量35%)……150克
淡奶油E（脂肪含量35%）
……354克
零陵香豆……1/2颗
制果用本葛粉（广八堂）……13克

组合成品

焦糖*[2]……适量
水饴……适量
*2. 在锅中放入白砂糖、糖水、水，用火烧开，煮到黄褐色之后关火。

制作方法

外交官奶油（泡芙馅用）

❶ 从冷藏室取出醒发好的糕点奶油，放入碗中，用刮胶搅拌均匀。
❷ 淡奶油A和淡奶油B放在另一个碗中，打发至七分，加入步骤1的材料中混合均匀。

外交官奶油（组合用）

❶ 从冷藏室取出醒发好的糕点奶油，放入碗中，用刮胶搅拌均匀。
❷ 另取一个碗，放入淡奶油C和白砂糖，打发至七分，加入步骤1的材料中混合均匀。

零陵香豆奶油

❶ 将白巧克力放入碗中，加水（材料之外）溶解。同时，把淡奶油D放入，用火烧开。
❷ 等白巧克力溶解后，将淡奶油D一点一点分几次放入。在这个过程中用打蛋器不断搅拌乳化均匀。
❸ 把碗底放入冰水中，混合均匀，一直降温到30摄氏度。
❹ 加入淡奶油E混合均匀。加入切碎的零陵香豆混合均匀。表面用保鲜膜盖好，然后放入冷藏室中醒发一晚。
❺ 第2天，把步骤4的材料过筛，加入制果用本葛粉，打发至九分。

组合成品

❶ 饼底部分是直径7厘米，厚1毫米的油酥点心，以此为边缘像画圆那样，用口径7毫米的裱花袋挤出泡芙皮材料。烤制的时候为了使面团受热均匀，油酥点心的中心部分也加入了少量的泡芙皮材料。蛋黄中加入少量水（材料之外）涂在其表面。在180摄氏度的风炉中烤制15分钟。与此同时，在烤盘上挤出直径2.5厘米的泡芙球。在上火180摄氏度，下火190摄氏度的平炉中烤制约30分钟。
❷ 基础饼底部分和泡芙皮的上部都用焦糖上色。
❸ 泡芙皮里填入外交官奶油（泡芙馅用）。在基础部分的中心挤入外交官奶油（组合用）。
❹ 饼底部分环状的泡芙上放入同等大小的3个泡芙，在泡芙的间隙中挤入零陵香豆奶油。然后在上面挤一个大圆圈。这里的关键点是挤零陵香豆奶油的时候要让泡芙上面的焦糖露出来一点。最后用水饴来装饰。

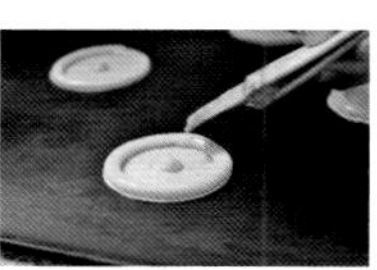

泡芙的直径为2.5厘米。作为基础的油酥点心，周围挤上环状的泡芙皮材料，为了防止烤煳，我们在中间也要挤上一点。刷上蛋黄液然后入炉内烘烤

草莓吉布斯特

奢侈地用了很多甜王草莓来制作的一款吉布斯特。这款甜品的灵魂吉布斯特卡仕达奶油诞生于19世纪初。用吉布斯特奶油和蛋奶酥、苹果、折叠派、焦糖酱组合而成的“吉布斯特”是传统法式甜品中屈指可数的杰作。而安食主厨也是因为和这款甜品合了眼缘才开始尝试法式甜品，考量并深入研究它的制作方法，经历了反复的失败和调整，才有现在的惊艳出品。这款甜品的上半部分是忠于传统制作方法的吉布斯特奶油。下半部分是用了酸奶油和双倍奶油混合而成的蛋奶酥独创配方。如布丁般的浓厚味道融入了水果的酸味，更令人印象深刻。

材料（37厘米×8厘米的模具1个的量）

油酥点心

→参考第28页。

蛋奶酥

酸奶油……160克
香草豆荚……适量
双倍奶油……60克
全蛋……90克
白砂糖……53克

吉布斯特奶油

意大利酥皮

- 白砂糖……100克
- 水……15克
- 蛋白……50克

糕点奶油*[1]……90克
吉利丁片……2.5克

组合成品

糕点奶油*[1]……适量
热那亚蛋糕*[2]……适量
无糖炼乳……适量
甜王草莓……适量
糖粉……适量

*1. 糕点奶油的制作方法参考第30页。
*2. 热那亚蛋糕的制作方法参考第16页。

蛋奶酥是将酸奶油和双倍奶油混合均匀，再把香草豆荚剖开，用刀刮出香草籽放入而制成

制作方法

油酥点心

❶ 材料的制作方法参考第28页。然后用擀面杖擀成45厘米×18.5厘米，厚2毫米的薄皮。平整好之后多出来的部分用抹刀切掉，内侧铺上烤纸，放入冷藏室备用。

❷ 用挞石或小型重物压在周围一圈，放入180摄氏度的风炉中烤制15分钟。降至175摄氏度时，打开盖子，将烤盘前后掉个方向后继续烤制15分钟。检查一下面团，如果边缘开始着色就取出来。然后盯着炉子，再烤7～10分钟，直到面团完全上色均匀。刷上蛋黄加水制成的蛋黄液（材料之外），然后再烤制5～7分钟就可以出炉了。

蛋奶酥

❶ 酸奶油放入碗中，加入从香草豆荚中取出的香草籽，再加入双倍奶油，混合均匀。
❷ 另取一个碗加入全蛋轻轻搅拌，加入白砂糖，用打蛋器充分搅拌均匀。
❸ 把步骤2的材料分4～5次加入步骤1的材料中，一直用打蛋器充分搅拌。
❹ 过筛过滤，放入冷藏室中静置一晚。
❺ 烤盘上放置烤好的油酥点心，里面倒进步骤4的材料。
❻ 先在140摄氏度的风炉中烤制15分钟，然后烤盘前后调换，再烤制5分钟。这里需要及时检查：轻轻摇一下，表面张开，膨起来的话就可以从烤箱中取出来了。如果还是软塌塌的话就需要再烤几分钟。烤完后放入冷藏室保存。

吉布斯特奶油

❶ 制作意大利酥皮（参考第35页）。完成后有尖峰状。
❷ 进行步骤1的同时，将在冷藏室静置一晚的糕点奶油（参考第30页）放入锅中，使用之前再度加热到锅底咕噜咕噜冒小泡泡。然后放入碗中。吉利丁片泡开，控干水分后放入，然后用打蛋器搅打均匀。
❸ 把步骤1的意大利酥皮放入步骤2的材料中，用刮胶划开加入，混合均匀。
❹ 混合之后的状态。重点是糕点奶油和意大利酥皮都要趁热的时候混合均匀。

组合成品

❶ 糕点奶油装入直径1厘米裱花嘴的裱花袋中，挤在蛋奶酥的表面，基本覆盖住。

❷ 然后，放上厚约5毫米的热那亚蛋糕。模具的大小为37厘米×8厘米，如果大小不是正好合适，我们可以用几块拼接起来。

❸ 在步骤2完成的蛋糕表面刷上无糖炼乳。

❹ 甜王草莓去掉蒂头，纵向切开，剖面朝下，排成两列。排列的时候，一列甜王草莓的头朝左，另一列的就换个方向，朝右。全部排列好之后放入冷藏室中冷却保存。至此，就可以开始吉布斯特奶油的装饰了。

❺ 把步骤4的材料从冷藏室取出，用刮胶刮取吉布斯特奶油，大块大块地垒起来。

❻ 用抹刀刮成小山丘的形状，上面刮平。

❼ 用不粘奶油的纸（我们这里用的是贴纸的底纸），轻轻地刮出圆拱的形状。

❽ 在冷藏室中放置7~8分钟，撒上糖粉，每隔15分钟重复一次，共6次，做焦糖化处理。

❾ 撒糖粉的时候注意勤用筛子，尽量撒遍每处边边角角。

❿ 右手手持焦糖器上色，然后左手拿煤气罐喷火，完成整个焦糖化的过程。持续焦糖化的过程中，需要遵循单向原则（就是同一个地方只能做一次焦糖化），每次焦糖化完成后都需要放入冷藏室休眠15分钟。

⓫ 6次焦糖化全部完成后，在焦糖完全凝固之前，用抹刀划出10道（11等份）印子，放入冷藏室休眠15分钟。

⓬ 从冷藏室取出步骤11的完成品，脱模。用直径比模具宽度小的，高度在4厘米以上（4厘米为模具高度）的3~4个小模具并行放置，然后在上面放上步骤11的模具，这样脱模就比较容易了。

⓭ 按照事先留好的印子切分成11等份就可以了。

洋梨吉布斯特

材料构成和草莓吉布斯特是一样的（参考第72页），只是根据水果的不同有一些微调。下半部分的油酥点心中间加了洋梨“威廉姆斯”来增加蛋奶酥的风味。上面是大切块的新鲜洋梨和吉布斯特奶油。这是每年11—12月销售的秋冬款。

柑橘吉布斯特

早春新品。使用新鲜的柑橘来制作的吉布斯特。中间是剥了皮的柑橘瓤，下半部分的蛋奶酥里添加了香橙利口酒“曼达林拿破仑”，突出了柑橘的味道。中间加了一层薄薄的热那亚蛋糕，上下两层层次分明，但是需要注意的是蛋奶酥里果汁不要过量添加。

葡萄柚吉布斯特

加了新鲜葡萄柚的吉布斯特属于夏季商品。和甜甜的葡萄柚相配的是荔枝利口酒“约会”。当然，配合各种水果的蛋奶酥在制作的时候，双倍奶油和酸奶油的配比也会稍稍调整。吉布斯特奶油的食谱适合所有商品。

综合水果吉布斯特

草莓、杧果、金猕猴桃、香蕉都可以用来制作各种各样的吉布斯特。蛋奶酥中添加樱桃蒸馏酒、樱桃白兰地，可以做出各种风味。小蛋糕和水果挞等传统的法式点心吉布斯特可以搭配应季水果做出各种组合，全年不断更新出品。展示柜的季节感也会油然而生。

蒙布朗

蒙布朗的原料是涩皮栗。考虑到甜味和口感，选用了栗蓉和无糖栗子酱。栗子奶油霜的下面是形状保持完整的奶味浓郁的白巧克力甘纳许。现在在日本做蒙布朗的时候“涩皮煮”是主流，但是安食主厨说，“到第10年的下半年为止我做的蒙布朗都是海绵蛋糕加鲜奶油，加上‘甘露煮’的金黄色来搭配的”。颠覆这一点的是“大仓”的河田胜彦厨师，“品尝的一瞬间就被感动到哭，颠覆了我过往对蒙布朗的认知。”安食主厨品尝后说。自那以后，在底部铺上法式酥皮，搭配茶色涩皮煮的配方就成为安食主厨的经典蒙布朗了。

材料（20个的量）

法式酥皮

（100个的量）

蛋白 280个

红糖 64克

白砂糖....................................424克

糖粉 80克

融化的可可黄油 .... 适量

白巧克力甘纳许

白巧克力 60克

淡奶油（脂肪含量40%）.......600克

脱脂奶粉 13.2克

栗子奶油

无糖栗子酱 131克

发酵黄油 58.5克

栗蓉 65.5克

朗姆酒......................................8克

栗子奶油霜

无糖栗子酱 589克

栗蓉 196.5克

浓缩牛奶（脂肪含量8.8%）

....140克

淡奶油A（脂肪含量35%）

....250.5克

淡奶油B（脂肪含量45%）

....250.5克

组合成品

糖粉 .... 适量

左边是栗子奶油，右边是栗子奶油霜的材料。两种都是用法国产的栗蓉和无糖栗子酱调出适当的甜味来提升风味

基础部分是蛋白加了翻倍量的红糖做成法式酥皮。白砂糖是分好几次加入混合，有着入口即化的口感

断面

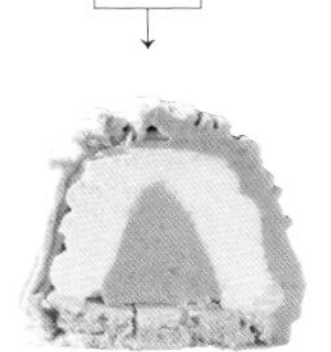

从下往上，法式酥皮、栗子奶油、白巧克力甘纳许、栗子奶油霜

制作方法

法式酥皮

蛋白和红糖，1/5白砂糖加入搅拌机中搅拌均匀。剩下的白砂糖分4次均匀加入，然后充分搅打起泡后移入碗中，加入糖粉用木勺轻轻搅拌。挤成直径5厘米的样子，在上下火都是120摄氏度的平炉中烤制2个小时。冷却后，涂上融化的可可黄油晾干。

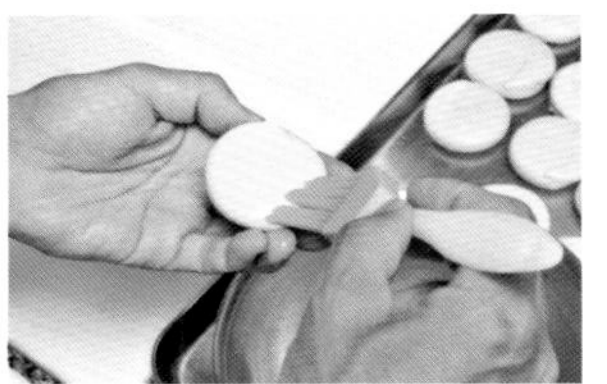

白巧克力甘纳许

白巧克力放入碗中隔水融化，加入煮开的淡奶油，用打蛋器混合乳化。然后，把碗底放入冰水中冷却，放入冰箱冷藏室静置一晚。第2天，从冷藏室内取出，加入脱脂奶粉，用搅拌机打发至五分。使用前把碗底再放入冰水中，用打蛋器打发至九分。

栗子奶油

❶ 搅拌机中放入无糖栗子酱用手撕碎，加入发酵黄油搅拌均匀。无糖栗子酱和发酵黄油混合均匀后，加入栗蓉，然后再次搅拌均匀。

❷ 把步骤1的材料放入碗中，加入朗姆酒，用刮胶充分搅拌均匀，然后放入冷藏室静置一晚。

❸ 把步骤2准备好的材料放入搅拌机的碗中，中速挡搅打。

❹ 完成品具有一定光泽，软硬适中。

栗子奶油霜

❶ 搅拌机中放入无糖栗子酱用手撕碎，加入栗蓉，然后再次搅拌均匀。

❷ 无糖栗子酱和栗蓉混合均匀后，分几次一点点加入浓缩牛奶，然后持续搅打10～15秒，充分混合均匀。

❸ 把步骤2的材料放入碗中，加入两种淡奶油并混合均匀。放入冷藏室静置一晚。

❹ 把步骤3的材料从冷藏室取出，碗底放入冰水中，用打蛋器打发至七分。

组合成品

❶ 把作为基底的法式酥皮放在操作台上，法式酥皮的中心，用口径1.2厘米的裱花袋装入栗子奶油，在法式酥皮中间挤出一个圆锥形状。

❷ 在口径1.2厘米的裱花袋中装入白巧克力甘纳许，把步骤1的圆锥体表面盘旋包裹一层，直到完全覆盖。

❸ 在小田卷中挤入栗子奶油霜，垂直悬挂到圆锥表面。在步骤2的基础上挤出细面状的栗子奶油霜。旋转90度后用同样的方法挤好，栗子奶油霜就完全覆盖住了原来的白巧克力。

❹ 撒上糖粉，完成出品。

和栗蒙布朗

这是一款使用熊本县特产栗子的季节限定商品。每年一到栗子收获的季节，就马上去收第一批的栗子，风味保持不变的时候囤好栗子，如果库存卖光了，商品就下架不卖了。每年都差不多在10月中下旬到年终的时节销售。安食主厨说，“用搅拌机混合两种不同的和栗酱的时候，栗子的浓浓的香味就弥漫开来，为避免混入过多的空气，我们会使用低速均匀搅拌”。这里使用的淡奶油，如果脂肪含量太高，与和栗酱混合的时候就容易凝固，所以使用的是脂肪含量35%的。为了更好地强调和栗的风味，基底部分使用的是不加面粉的轻盈质地的材料。中心是大颗的“涩皮煮”和栗。构成了满满的和栗味道和香气。组合成品的时候撒上和三盆糖，大胆运用了和式素材的表达。

材料（20个的量）

无面粉的饼干

法式酥皮

- 蛋白……32.6克
- 白砂糖……25.5克

杏仁粉……102克

白砂糖……76.3克

发酵黄油……40.5克

全蛋……153.5克

白巧克力甘纳许

白巧克力……60克

淡奶油（脂肪含量40%）……600克

脱脂奶粉……13.2克

和栗奶油霜

和栗酱*[1]……960克

淡奶油（脂肪含量35%）……300克

*1. 和栗酱是甜度32%和16%两种混合。甜度16%的和栗酱，用滤网过滤使用。

组合成品

糕点奶油*[2]……适量

"涩皮煮"和栗……20颗

和三盆糖……适量

糖粉……适量

*2. 糕点奶油的制作方法参考第30页。

断面

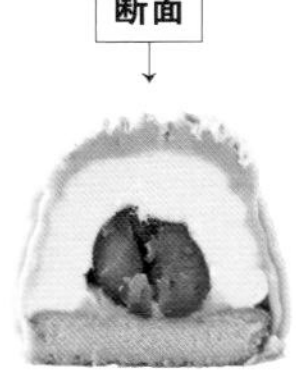

从下往上依次为无面粉饼干、糕点奶油、"涩皮煮"和栗、白巧克力甘纳许、和栗奶油霜

和栗酱是用甜度32%和16%两种酱混合。不是用淡奶油来增加其延展性，而是用两种和栗酱混合，控制甜度的同时，又提升了栗子的质感和风味

制作方法

无面粉的饼干

❶ 在搅拌碗中放入蛋白、白砂糖，搅拌均匀，制作法式酥皮（参考第34页）。

❷ 与此同时，在搅拌机中放入杏仁粉、白砂糖、发酵黄油，全蛋分几次，一点点加入。

❸ 全蛋全部加入混合均匀后，放入碗中。

❹ 在步骤3的材料中加入法式酥皮，用刮胶刮顺。

❺ 把步骤4的材料放入裱花袋中，挤入直径6厘米、深2厘米的模具中。

❻ 放入180摄氏度的风炉中，打开循环，烤制15分钟。烤制完成后，脱模，表面朝上排好，趁没有变干的时候用保鲜膜包好放入冷藏室中。

白巧克力甘纳许

白巧克力放入碗中隔水融化，加入煮开的淡奶油，用打蛋器混合乳化。然后，把碗底放入冰水中冷却，放入冰箱冷藏室静置一晚。第2天，从冷藏室内取出，加入脱脂奶粉，用搅拌机打发至五分。使用前把碗底再放入冰水中，用打蛋器打发至九分。

和栗奶油霜

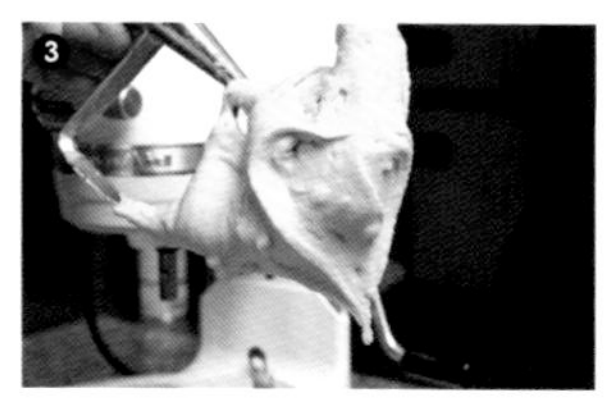

❶ 搅拌机中放入和栗酱，搅打顺滑。为了做出香浓的味道，就要避免混入太多的空气，我们用低速搅拌充分混合均匀。

❷ 在步骤1的材料中加入淡奶油，混合至和栗酱可以拉丝的程度。

❸ 完全混合后，移入碗中，放入冷藏室静置一晚。

组合成品

❶ 在无面粉的饼干中央放上少量的糕点奶油，放置一颗“涩皮煮”和栗，为了食用方便，我们会把大和栗切成8份。

❷ 在口径1.2厘米的裱花袋中放入白巧克力甘纳许，呈旋涡状挤在步骤1“涩皮煮”和栗的表面，把“涩皮煮”和栗完全包裹起来。

❸ 在小田卷中挤入和栗奶油霜，垂直悬挂到圆锥表面。在步骤2的基础上挤出细面状的栗子奶油霜。旋转90度后以同样方法挤好。和栗奶油霜就完全覆盖住了原来的白巧克力。

❹ 将和三盆糖和糖粉同比例混合后过筛撒上即成。

和栗千层

可丽饼和外交官奶油间隔重叠做成的“奶油千层”，是安食主厨盛销不衰的拳头产品。同一系列的产品中，加了栗子粉的可丽饼与和栗奶油霜组合而成的“和栗千层”则是秋季限定的产品。奶油是香气浓郁的和栗酱，为了保持味道的纯粹，我们用的是简单的奶油霜来组合成品。无论是面团还是奶油都不添加香草等香料，只保持栗子的原汁原味。关键是多花点时间把面粉和蛋液调匀就会做出组织细腻，层次分明，口感好的产品。薄薄的30张面饼做成的丰富的层次，独特的口感，材料本身酝酿出的栗子粉的风味非常出众。

材料（直径约20厘米，1个的量）

栗子粉可丽饼

全蛋……193克
牛奶A……255克
白砂糖……58克
盐……6.5克
中筋粉……272克
栗子粉……130克
牛奶B……384克
融化的黄油……41克

和栗奶油霜

和栗酱……850克
浓缩牛奶（脂肪含量8.8%）……160克
淡奶油A（脂肪含量35%）……288克
淡奶油B（脂肪含量45%）……288克

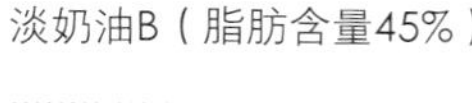

两种和栗酱和淡奶油、浓缩牛奶混合，为了控制甜味，做出纯粹的和栗风味的奶油

奶油千层

薄薄摊平的可丽饼中间，夹上糕点奶油和打发好的淡奶油组合而成的外交官奶油。千层也是安食主厨的得意之作之一。接了千层产品的订单而开始研发，追求口感的完美和美味，进而成为自己原创的款式。

制作方法

栗子粉可丽饼

❶ 碗中加入全蛋搅打均匀，加入牛奶A混合均匀。然后，加入预先混合在一起的白砂糖和盐，用打蛋器混合均匀。

❷ 然后换电动打蛋器，把蛋液充分打散。

❸ 另取一个碗，筛入混合均匀的中筋粉和栗子粉。一边转动碗，一边用刮胶由下到上将面粉刮起至碗壁。这个时候，碗壁2/3左右的高度都沾上了一层面粉，中心底部留一个空心出来。

❹ 在步骤3的材料中央，注入步骤2的材料，用打蛋器从中心向外侧边打圈边一点点把面粉和蛋液混合均匀。为了做出融合均匀、质地均一、纹理细腻的材料，必须要花时间一点点地做。

❺ 最初可能会有沙沙的感觉，渐渐就会有黏性，把碗壁的面粉都粘起来。

❻ 随着黏性增强，引力也会加大，周围的粉末都会被粘进去形成面团。黏性进一步增强，形成一个整体，这个时候把碗摇一摇，以沾上更多的面粉。

❼ 等到整体浓度都均衡了，最后用点力气全部混合均匀。

❽ 完成后的状态有垂感有黏性，舀起来会有纹理，从步骤4开始到这一步大概需要8分钟。

❾ 步骤8的材料中分4次加入牛奶B，前两次加的时候量要少一点，其间用打蛋器不停地搅打，到第3次的时候为了使材料容易伸展，尽量不要使材料剩下，完全搅打均匀。

❿ 50～60摄氏度融化的黄油放入小碗中，放入步骤9材料1/5的量，用打蛋器打发至乳化。完全混合均匀后，再次加入步骤9材料1/5的量。为了不出筋，这个步骤的关键是需要充分乳化。

⓫ 步骤10的材料放回步骤9材料中，彻底搅拌均匀。

⓬ 过滤好步骤11的材料。完成后应该有光泽。

⓭ 把容器底部放入冰水中去热，把材料的温度调整到18摄氏度左右。这个面团不需要静置，完成后可以直接烤制。千层制作的时候周围的温度非常高，为了保持材料的温度在18摄氏度左右，烤制期间我们要把容器底部放在冰水中。

⓮ 千层盘的温度设定到200～250摄氏度，用瓢舀起来，约七分满（50毫升左右）缓缓倾倒，用刮胶转360度迅速刮成薄薄的面饼（温度要根据千层盘的性能、材料的状态、操作方法等适当调整）。

⓯ 差不多状态的时候要翻个面。

⓰ 两面都烤好后，放一会儿，放到铺了保鲜膜的晾网上。千层盘用厨房纸巾擦干净，同样方法煎下一张，煎好之后码到第一张上面。一张张煎，直到把材料全部煎完。煎饼的厚度仅仅在1毫米左右，所以全部煎完的话有40张左右。

和栗奶油霜

❶ 在碗中放入和栗酱，加入浓缩牛奶。
❷ 用木勺搅拌均匀。
❸ 把两种淡奶油放入步骤2的材料中。
❹ 把碗底放入冰水中，用打蛋器搅拌均匀。
❺ 混合均匀后，碗底继续放在冰水中，用打蛋器打发至七分。打发完成后，马上涂到千层上。

组合成品

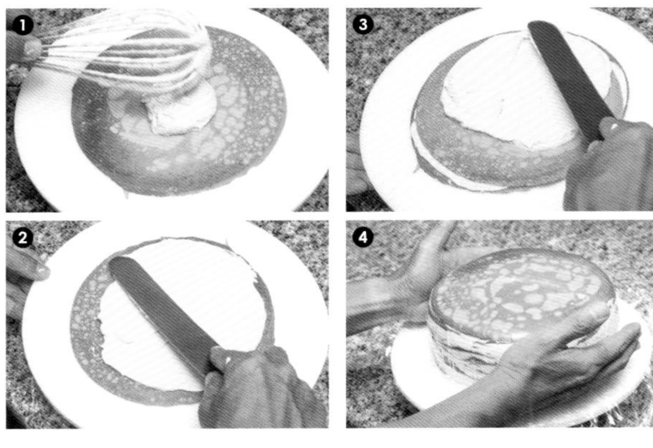

❶ 将一片栗子粉可丽饼放在裱花台上，用打蛋器轻轻舀起和栗奶油霜（大概两大勺的样子）放到煎饼上面。
❷ 用抹刀摊开抹匀，夹入和栗奶油霜的量可以根据个人喜好来调整。
❸ 在步骤2的材料再放一张饼，和步骤2一样继续抹上和栗奶油霜，并且刮平。然后，以此类推。做几层的话具体可以根据个人喜好。参考标准，这里是千层饼34枚加上涂上的和栗奶油霜一共是67层。
❹ 最后一层千层饼铺好之后，用保鲜膜连同侧面全部包裹起来，在冷藏室静置一晚就可以切块了。

柠檬挞、焦糖和洋梨

第一眼看上去以为是柠檬挞，但却是内藏惊喜的一款呢。用叉子一叉，中间是浓厚的咸焦糖和新鲜可口的洋梨沙司、热那亚蛋糕，还有威廉姆斯洋梨风味的糕点奶油层次分明的口感。柠檬汁、咸焦糖和洋梨组合而成的这道甜品可以说是柠檬挞的进阶版。基本部分还是“柠檬挞”。强调柠檬酸味的奶油，上半部分是双倍意大利酥皮的热销款。柠檬奶油里面，是酸奶油和双倍奶油的组合，特色蓬蓬挞式烤制的挞皮材料中还加了杏仁粉。挤意大利酥皮的时候用的是圣安娜裱花嘴，这也是其代表特色。

材料（直径7厘米的蓬蓬挞10个的量）

甜杏仁酱蛋糕

（按以下分量准备，适量取用）

发酵黄油 ……………………………150克

糖粉 …………………………………94克

盐 ……………………………………1克

全蛋 …………………………………43克

香草豆荚 …………………………… 适量

低筋粉………………………………243克

杏仁粉………………………………39克

柠檬奶油

全蛋 …………………………………58克

蛋黄 …………………………………35克

白砂糖………………………………12克

酸奶油………………………………64克

双倍奶油 ……………………………20克

柠檬汁………………………………64克

发酵黄油 ……………………………28克

咸焦糖

白砂糖………………………………100克

水饴 …………………………………67克

发酵黄油 ……………………………57克

淡奶油A（脂肪含量35%）

……………………………………113克

盐 ……………………………………0.5克

吉利丁片 ……………………………1.3克

淡奶油B（脂肪含量45%）……10克

组合成品

洋梨 …………………………………2个

意大利酥皮

…………按以下分量准备，适量使用

- 白砂糖 …………………………300克
- 水 ………………………………90克
- 蛋白 ……………………………150克

热那亚蛋糕*[1] ……………………… 适量

糕点奶油*[2] ………………………… 适量

威廉姆斯洋梨 ……………………… 适量

糖粉 ………………………………… 适量

*1. 热那亚蛋糕的材料准备和制作方法参考第16页。

*2. 糕点奶油的材料准备和制作方法参考第30页。

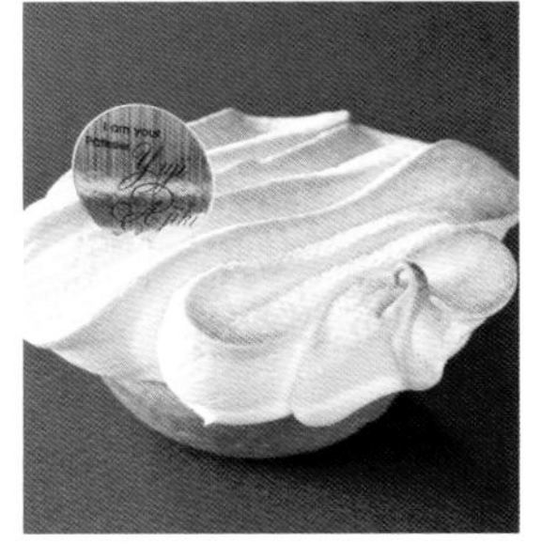

柠檬挞

杏仁风味的底坯，两种风味浓郁的奶油制成的带点酸味的柠檬奶油，烤制部分口感松脆，中间部分是蓬蓬的意大利酥皮。虽说是经典中的经典，但我们在蛋糕挞的形状和酥皮的制作中花了不少心血，是非常时尚别致的造型。

断面

左边：柠檬奶油、咸焦糖、热那亚蛋糕、洋梨沙司组合而成“柠檬挞、焦糖和洋梨”；右边：填满柠檬奶油的“柠檬挞”

制作方法

甜杏仁酱蛋糕

材料的制作参考第18页。材料用擀面杖擀成3毫米厚，用直径10厘米的模具抠出来。放入蓬蓬挞模具中，转动挞皮，并且避免空气进入，用两个大拇指按紧挞皮的内壁转动。挞皮部分高出模具7毫米，放入冷藏室内静置。静置之后，再一次压紧材料，高出模具5毫米左右。高出的部分用抹刀刮掉。放入烤盘，在150摄氏度的风炉中烤制25～30分钟。上色完成后，用蛋黄和水（材料之外）混合的蛋液涂刷表面，烤制6～7分钟，然后从烤箱中取出。

柠檬奶油

❶ 在碗中放入全蛋和蛋黄，用打蛋器打散，加入白砂糖混合均匀。

❷ 另取一个碗放入酸奶油和双倍奶油。用打蛋器轻轻搅打。将步骤1的材料分成4～5份加入，充分搅拌均匀。

❸ 充分搅拌均匀之后，加入柠檬汁，用打蛋器充分搅拌。

❹ 在碗中放入发酵黄油，隔水溶解。加入少量步骤3的材料混合均匀后倒回到步骤3的材料中充分搅拌均匀。

❺ 最后用电动打蛋器搅打30秒，充分乳化。

❻ 用过滤器过滤。这个奶油前一天做好之后在冷藏室静置一晚再使用。

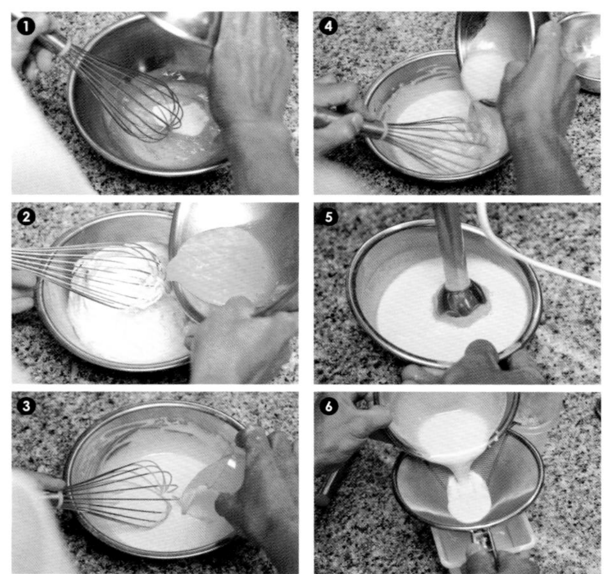

咸焦糖

❶ 在锅中放入白砂糖，用火加热。白砂糖融化变黄之后加入水饴，用木勺混合均匀。

❷ 温度达到180～190摄氏度（变成棕黄色时）关火。发酵黄油分3～4次加入。每加入一次都用木勺充分搅拌。

❸ 把加热到50～60摄氏度的淡奶油A分3～4次加入，在此过程中用木勺不停地搅拌。混合均匀后的状态应该是质地均匀，并且富有光泽。温度保持在90摄氏度左右。

❹ 关火，在步骤3的材料中加盐，用木勺充分搅拌直到盐完全溶解。这里是用擀面杖把盐花碾碎后来使用的。

❺ 趁步骤4的材料热的时候过滤，如果冷凝的话无法操作，所以关火之后要立即进行。

❻ 吉利丁片用水（材料之外）泡开，去掉水分，加入步骤5的材料中，用刮胶溶解混合均匀。

❼ 待冷却到30摄氏度左右的时候加入淡奶油B，用刮胶混合均匀。

组合成品

❶ 把放在冷藏室内静置了一晚的柠檬奶油倒入烤好的空心甜杏仁酱蛋糕基底中，大约八分满。140摄氏度的风炉烤制6～8分钟。

❷ 烤好之后的状态。柠檬奶油的量非常少，不要烤过头。如果材料事先回温的话，就要缩短烤制的时间。

❸ 烤制挞皮的时候，我们来准备洋梨沙司。洋梨带皮使用。去核后切成12等份。

❹ 煎锅中加入黄油（材料之外）加热，加入步骤3的洋梨，翻炒，使得洋梨的表皮和两侧全部都裹上黄油。为了让洋梨表面不起皱，我们这里使用设置在200摄氏度的电磁炉。烧烤之后稍稍放凉，放入冷藏室内静置冷藏。

❺ 取出步骤2的材料，放凉之后在挞皮的边缘一侧缓缓注入咸焦糖，放在冷藏室内冷却。

❻ 冷却步骤5的材料时我们可以来做意大利酥皮。（参考第35页）

❼ 热那亚蛋糕切成厚度为5毫米的薄片。用直径为6厘米的模具抠出来。切下来的热那亚蛋糕如果能利用起来就更完美了。

❽ 把步骤7的热那亚蛋糕像盖子一样盖在步骤5的材料上面。

❾ 在步骤8的材料上面放上步骤4的洋梨，放置的时候表皮朝外。

❿ 糕点奶油中拌入威廉姆斯洋梨并且搅拌均匀，放入直径7毫米的裱花袋中，挤在步骤9的材料的中心。

⓫ 在步骤10的材料上面，和步骤7一样，放上切成圆形的热那亚蛋糕薄片。

⓬ 挤出步骤6的意大利酥皮把表面完全覆盖住，这里我们用的是圣安娜裱花嘴。

⓭ 在步骤12的蛋糕上面，撒上极细的糖粉。

⓮ 放入温度为220摄氏度的烤箱中，打开热风循环，烤制1分钟，烤盘取出来掉个头，再烤制1分钟（这样一共烤制的时间是2分钟）。这样意大利酥皮就完美上色了。

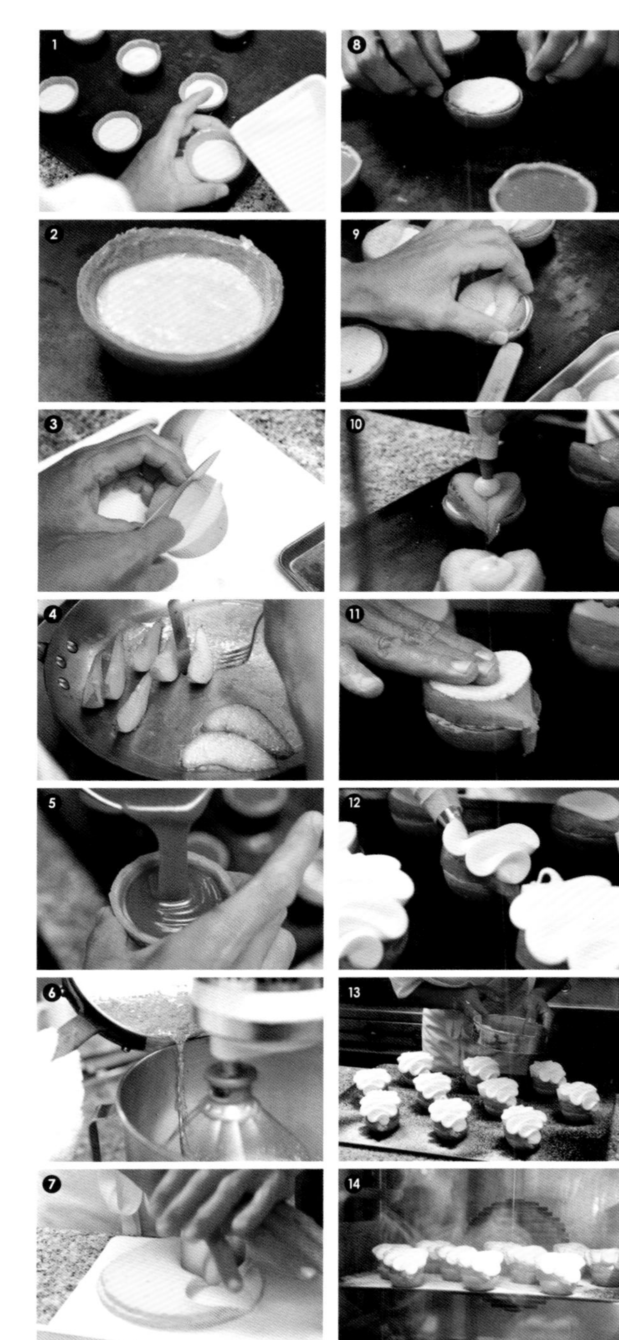

长野紫提、无花果、黑醋栗风味的林茨蛋糕

林茨蛋糕（linzer torte）发源于奥地利北部的林茨地区，这款经典传统美味从17世纪开始流传至今。虽然配方五花八门，但传统的林茨蛋糕基本都是用杏仁粉和肉桂粉制成饼底，抹上一层覆盆子酱，表面用与饼底同样材质的面团条装饰成纵横交错的棋盘形状。而我们这款甜品的饼底部分保留的是传统做法厚实的口感，最后出品的新鲜小蛋糕却是小清新轻食风。甜品的底部和侧面是拉薄的肉桂风味的林茨蛋糕坯。中间的馅料是腌制无花果干和酸酸甜甜的黑醋栗蜜饯，并且用肉桂风味的杏仁奶油包裹起来。最后，蛋糕的表面用打发好的奶酪奶油和水灵灵的长野紫提做装饰，就成了一款传统甜品的升级版。

材料（直径15厘米，高4厘米的圆形款2个的量）

腌制无花果干

（按照如下分量准备，酌量添加）

黑无花果干……500克

红酒……250克

黑醋栗奶油……25克

黑醋栗蜜饯

（按照如下分量准备，酌量添加）

冷冻黑醋栗……500克

白砂糖……250克

腌制无花果干的汁液……适量

林茨蛋糕饼底

蛋黄……8个

（全蛋煮熟，剥掉蛋白后备用）

黄油……280克

杏仁粉……50克

糖粉……60克

朗姆酒……14克

低筋粉……300克

肉桂粉……4克

泡打粉……1.5克

肉桂风味的杏仁奶油

黄油……200克

糖粉……200克

肉桂粉……8克

全蛋……190克

杏仁粉……200克

奶酪奶油

奶油奶酪A

（BUKO 丹麦产）……130克

奶油奶酪B（KIRI 法国产）

……50克

酸奶油……15克

无糖炼乳……24克

白砂糖……8克

鲜奶油（脂肪含量45%）……189克

组合成品

葡萄……适量

（长野紫提或者巨峰葡萄等大颗粒品种为佳）

琼脂葡萄糖浆*……适量

* 琼脂葡萄糖浆的制作方法（方便制作的量）

琼脂粉……32克

水……3600克

白砂糖……720克

水饴……800克

锅中加琼脂和水煮开。再加入白砂糖煮沸，加入水饴融化即可。

制作方法

腌制无花果干

在容器中放入黑无花果干，加入红酒和黑醋栗奶油。表面盖上保鲜膜密封起来，静置24小时以上。

黑醋栗蜜饯

在冷冻黑醋栗中加入白砂糖，在室温下慢慢解冻。然后放入铜碗中，加入腌制无花果干过程中沁渍出的汁液，放在火上加热，煮至出糖度到62%左右。在煮之前如用打蛋器提前将黑醋栗弄破，则效果更佳。

林茨蛋糕饼底

❶ 用刮胶将蛋黄过筛备用。

❷ 黄油放在碗中室温软化后用刮胶轻轻搅拌均匀，然后再加入过筛后的蛋黄一同搅拌均匀。

❸ 杏仁粉加入糖粉中拌匀，然后加入步骤2搅拌好的黄油和蛋黄一起搅拌均匀（建议每加入一项材料都要拌匀再加入下一项）。搅拌的时候要用刮胶兜底充分搅拌。

❹ 加入朗姆酒用刮胶搅拌均匀。

❺ 将低筋粉、肉桂粉和泡打粉一起混合拌匀。

❻ 等面团完全揉和没有粉末后，沿着碗底边压实边搅拌。

❼ 取出面团放在保鲜袋或者保鲜膜上，用手抹上干粉拍打面团拉伸成1.5厘米厚的正方形，上面再覆盖一层保鲜膜，压实平整后放入冷藏室静置醒一晚。

肉桂风味的杏仁奶油

❶ 黄油室温软化，放入碗中用打蛋器稍稍打发至蓬松发白，呈色拉酱状。

❷ 加入糖粉和肉桂粉充分搅拌均匀。

❸ 把全蛋打散，分5～6次加入，每次用打蛋器充分搅拌均匀。

❹ 筛入杏仁粉，一边转动碗，一边用刮胶斜斜地顺着碗底充分搅拌。

❺ 充分搅拌均匀直至完全没有气泡，放入冷藏室静置1小时以上。

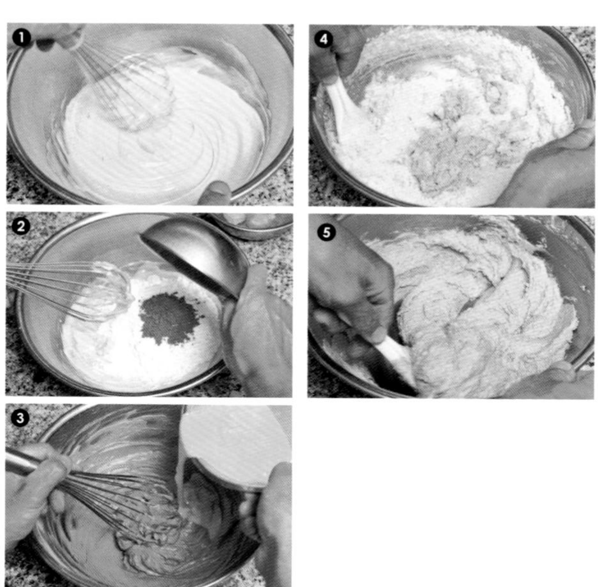

奶酪奶油

❶ 在搅拌机的碗中加入两种奶油奶酪和酸奶油，打开开关，低速均匀搅打。充分搅拌均匀后把搅拌机关掉，将碗的内壁和搅拌头上没有充分搅拌到的奶油一起刮入碗中。

❷ 把事先准备好的无糖炼乳和白砂糖混合，加入步骤1搅拌好的奶油中，再次低速搅打。

❸ 待全部打至顺滑后，关掉搅拌机，再次把碗壁和搅拌头上的奶油刮下来拌匀，重新打至顺滑。待全部打至顺滑后，关掉搅拌机，再一次把碗壁和搅拌头上的奶油刮下来拌匀，重新打至顺滑。特别是搅拌头没有碰到的部分和其他的部分会纹路不均，为了达到整体均一的状态，必须要时不时地停下来重复这个步骤。

❹ 加入鲜奶油继续搅拌。

❺ 慢慢就会出来光泽，变成顺滑的状态（如图所示）。这时，我们把搅拌机上的碗取下来进行手动打发。打发的时候我们可以把打蛋器的头伸到碗底，以避免空气进入。

组合成品

❶ 把放置了一晚的林茨蛋糕饼底擀成厚5毫米的薄饼。用直径15厘米的模具抠出饼底，剩下的材料切成2.5厘米×47厘米的长条。按照这样一式两份准备好。在模具底部放上圆形的饼底，把长条的饼底沿着模具的内壁围成一圈，并用叉子叉好。

❷ 从冷藏室中取出肉桂风味的杏仁奶油，用刮胶轻轻拌顺后放入口径1厘米的裱花袋中，由里向外边打圈边挤在饼底上。每个模具用量大概在120克。

❸ 把腌制无花果干纵向剖成两半，剖面朝上，排列在肉桂风味的杏仁奶油上。为了避免出现缝隙，可以把腌制无花果干的一端稍稍侧立，由外到里重叠盘旋摆放。这里用到的腌制无花果干最好放入过滤器中把水分控干，用微波炉加热到40摄氏度左右，这样做的目的是使烤制的时候表里温度比较均衡一致。

❹ 在步骤3的基础上铺满黑醋栗蜜饯，这里对间隙没什么要求，铺满就可以。

❺ 在步骤4的基础上再挤上肉桂风味的杏仁奶油覆盖。挤的量与步骤2差不多。

❻ 放入烤箱，150摄氏度，打开热循环，先烤25分钟，然后上火25分钟左右交替烤制，其间要观察上色程度，可以适当再烤10分钟左右。总时长大约在50分钟～1小时。烤完脱模后晾在烤网上，室温下冷却放凉。

❼ 在口径9毫米的裱花袋中装入准备好的奶酪奶油，挤在冷却好的林茨蛋糕饼底上，由里向外，边挤边盘旋，填满为止。

❽ 用波浪锯齿切刀切成8等份。葡萄纵向对剖后装饰在蛋糕上。最后在葡萄上刷上琼脂葡萄糖浆，完成装饰。

红衣主教切块

红衣主教切块蛋糕是维也纳的传统点心，其名字的意思是“红衣主教的点心”。原文中有“切”的意思，指的是把圆形的土司做成四角的蛋糕。与红衣主教有关的特点是，使用天主教的象征色黄色和白色来准备面团，黄色部分用的是蛋黄较多的热那亚蛋糕。白色部分不加面粉，只用蛋白和白砂糖来做酥皮。法式酥皮的质地很轻，随着时间变化其高度也会随之改变，这一点是难点。如何平衡质地轻盈的口感和如何保持形状不变是关键。在两种材料之间加入白巧克力。然后像三明治一样中间夹入咖啡风味的奶油。不仅是很高级的口感，速溶咖啡和肉桂粉的香味叠加效果也有独特的魅力。

材料（37厘米×8厘米，1个的量）

红衣主教蛋糕

法式酥皮

- 白砂糖……95克
- 干燥蛋白……4克
- 蛋白……138克

热那亚蛋糕

- 全蛋……100克
- 蛋黄……34克
- 白砂糖……25克
- 干燥蛋白……1克
- 低筋粉……25克

糖粉……适量

咖啡风味的奶油

白巧克力……30克

淡奶油A（脂肪含量40%）……50克

淡奶油B（脂肪含量40%）……250克

速溶咖啡……3.5克

肉桂粉……适量

组合成品

糖粉……适量

上面是法式酥皮，下面是热那亚蛋糕的材料。都是容易塌缩的材料，所以要加入干燥蛋白

制作方法

红衣主教蛋糕

❶ 法式酥皮制作（参考第34页）。一直打发至出现明显的尖峰状，组织细腻、稳定的法式酥皮。

❷ 制作步骤1的同时做热那亚蛋糕。在搅拌机的碗中加入全蛋和蛋黄，用打蛋器将蛋打散。

❸ 另取一个碗，加入白砂糖和干燥蛋白，混合均匀后加入步骤2的材料中。放到搅拌机中，高速搅打起泡。

❹ 打发至蓬松后调回到1挡，搅打3分钟。再降速1挡，搅打3分钟。重复这个操作，连降4挡，最后进行低速搅拌。随着纹路渐渐变得细腻，最终材料达到质地蓬松的状态。

❺ 把步骤4的材料放入碗中，筛入低筋粉，一边转动碗，一边兜底充分搅拌均匀。可以的话，建议两个人同时操作，一边筛粉一边混合均匀。

❻ 混合均匀后就有了光泽，舀起来有垂感，掉落下来的材料痕迹慢慢消失的状态是最好的。

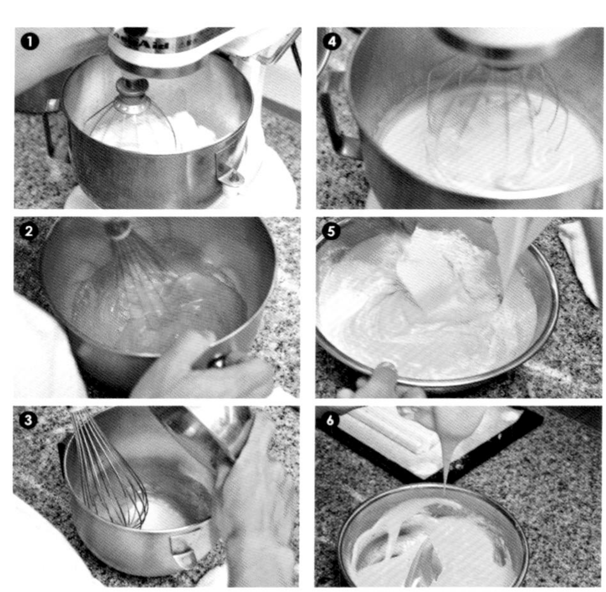

❼ 在热那亚蛋糕完成之前把步骤1的法式酥皮挤好。烤盘铺上烤纸，在烤纸上画出完成品的大致形状的边缘线（在同一家店就用37厘米×8厘米的模具）。在加了裱花嘴的裱花袋中加入法式酥皮，沿着长的那条边缘线挤出3条。这时，我们要考虑间隔挤入3条热那亚蛋糕，这时候可以使用裱花嘴，也可以为了追求高度，直接用隧道形的裱花嘴。

❽ 挤完法式酥皮之后，在上面撒上糖粉。

❾ 把热那亚蛋糕的面糊挤入口径为1厘米的裱花袋中。挤到法式酥皮的中间，撒上糖粉。

❿ 在步骤9的材料下方再放一个烤盘，在上下火都是180摄氏度的平炉中烤制20分钟。这时，打开热风循环。在门缝里放上纸片，留出一点空隙。15分钟烤制完成后，撤掉下面的烤盘，烤盘调换前后位置继续烤制。烤了18分钟后，检查表面的上色程度，根据实际情况来调整火力的大小。照片是烤完之后的状态。

⓫ 烤制完成后，把超出长边37厘米的部分向内折起，连同烤纸一起移动。纸的两端折回之后，用夹子固定。

⓬ 在比材料高出两倍的支架上把蛋糕整个翻转，表面朝下。这个时候要注意不要让蛋糕膨胀。我们可以用鼓风机来吹凉。把蛋糕翻转吹凉的目的是防止法式酥皮塌缩。保持完美的形状。

⓭ 稍稍放凉之后，可以拿掉鼓风机，重新翻转，蛋糕朝上，放在冷藏室中静置。

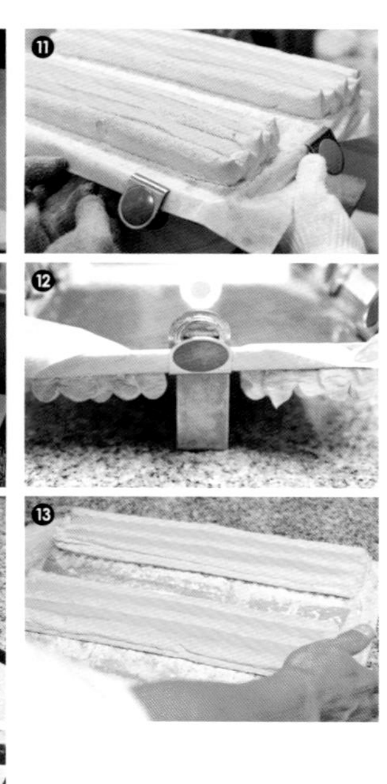

咖啡风味的奶油

❶ 在碗中放入白巧克力，水浴融化。煮开的淡奶油A分6次加入，用打蛋器充分搅拌均匀后打发至乳化。最初会分离，所以要一点点地加入，加入3～4次至全体混合均匀后，可以多加一点进去。混合之后会呈沙拉酱的状态，并散发光泽。

❷ 在步骤1的完成品中加入1/4的淡奶油B混合均匀。

❸ 把碗底放入冰水中，加入剩下的淡奶油B，混合之后把温度降到10摄氏度，放入冷藏室中静置一晚。

❹ 从冷藏室中取出步骤3的材料，加入速溶咖啡和肉桂粉。把碗底放入冰水中，用打蛋器混合均匀。

❺ 打发至九分。

组合成品

❶ 从冷藏室中取出红衣主教蛋糕，表面朝下放在板上，撕掉烤纸。

❷ 把咖啡风味的奶油放到口径1厘米的裱花袋中，在1片红衣主教蛋糕上挤上2层。切的时候中央要高一些，所以下面挤5条，上面一层挤3条。

❸ 步骤2的材料上面再放1片红衣主教蛋糕，表面朝上放置。

❹ 用烤纸像做寿司那样把红衣主教蛋糕裹起来整理好形状。但是，和蛋糕卷和寿司卷一样，横截面也不是圆形，关键是不要破坏原来组织的形状。然后，压得太重的话咖啡风味的奶油会弹出来，所以压的时候要轻轻的，不能用力过猛。

❺ 去掉烤纸，在热那亚蛋糕的上方放上棒棒遮挡，这样撒糖粉的时候就可以只撒在法式酥皮上了。

❻ 用厨刀切成2.7厘米宽的块状。

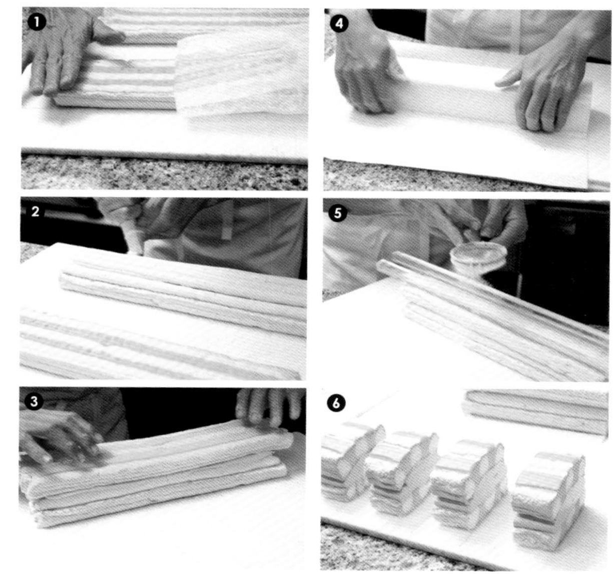

黑森林蛋糕

以黑森林来命名的这款蛋糕其实是法国阿尔萨斯地区的一款乡土风物甜品，起源于与德国接壤的法国西北部地区，是由蛋糕、沙司奶油和樱桃组合而成的蛋糕，安食主厨沿袭了用两种奶油组合的阿尔萨斯传统做法。确切地说是参考了“杰克”的主厨杰尔德班布鲁特先生的构成方法。底部是浓厚的萨凯尔饼干底，上面是轻盈的巧克力材料。考虑到整体的平衡，材料选用了两种。中间是煮冻樱桃和杏仁巧克力饼干。上面是巧克力奶油霜、巧克力刨花的装饰，是非常时尚的设计。正如安食主厨所说：“能真切地感受到樱桃白兰地的可口”，樱桃白兰地在提升口感方面功不可没。

吉瓦拉

如名字所示，使用法芙娜公司的“吉瓦拉”牛奶巧克力，下面是没有面粉的马龙蛋糕。底部是巧克力千层酥。马龙蛋糕的材料是安食主厨在日本法芙娜进行研修时，受到当时担任该公司主厨的桑托斯·安东尼设计的食谱影响，并以此为基础改良成为自己独创的甜品。巨大的巧克力刨花形式本身是源自安食主厨在当助理的时候最初的印象。圆形的凹槽一旦融化很容易支离破碎，要用竹串和手轻轻捏住，装饰在蛋糕上。品尝巧克力和马龙的黄金组合的同时，可以体会隐藏在美丽外表下的精巧技艺。

材料（37厘米×27厘米的模具2个的量）

马龙蛋糕

马龙酱……880克
发酵黄油……319克
全蛋……149克
蛋黄……440克
泡打粉……18.5克

牛奶巧克力甘纳许

英式蛋奶酱
- 牛奶……1000克
- 淡奶油（脂肪含量35%）……1000克
- 白砂糖……105克
- 蛋黄（加糖20%）……508克

吉利丁片……22克
牛奶巧克力（可可含量40%）……1263克
朗姆酒……16克

巧克力千层酥

黑巧克力（可可含量66%）……198克
果仁糖……553克
千层酥……497克

组合成品

桑托波奶油*[1]……适量
可可粉……适量
巧克力刨花*[2]……适量

*1. 桑托波奶油的材料和制作方法可以参考第111、113页。
*2. 用工具切出薄薄的巧克力刨花。

制作方法

马龙蛋糕

❶ 在搅拌机中放入冷却的马龙酱和发酵黄油，混合均匀。
❷ 把混合好的步骤1的材料移入碗中，放到冷藏室静置。这个时候，用刮胶把碗的底部和侧面刮一遍，放到研磨钵中使其快速冷却。
❸ 把步骤2的材料放在搅拌机中，中速挡搅拌5分钟。达到充满空气充分打发的状态。
❹ 碗中加入全蛋和蛋黄搅拌均匀，分几次，每次少量加入步骤3中。
❺ 鸡蛋搅拌均匀后加入泡打粉，搅拌均匀。
❻ 把步骤5的材料放入碗中，用刮胶搅拌至顺滑。
❼ 准备2个烤盘。铺上烤纸。倒入步骤6的材料。
❽ 用刮胶刮平。
❾ 上下火均180摄氏度烤制30分钟。
❿ 材料完全冷却后，在方烤盘和材料的连接处用抹刀划一下。把烤制表面翻转，再嵌回到烤盘中。

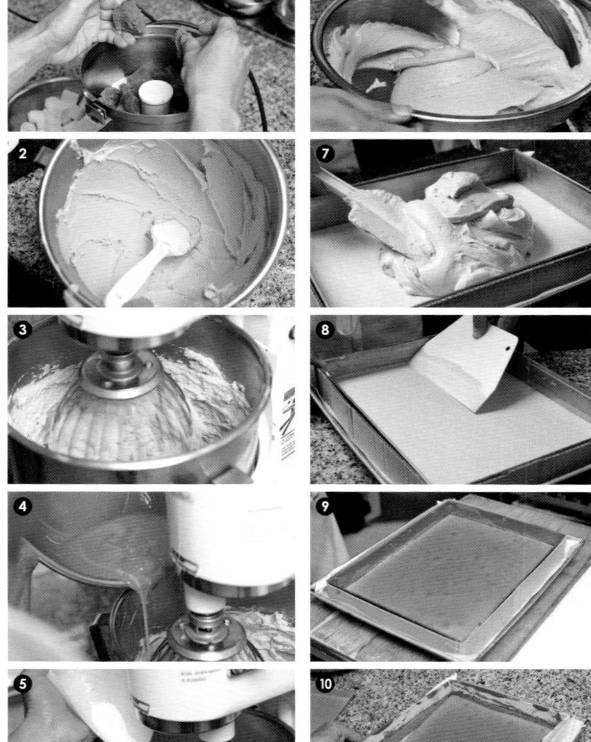

牛奶巧克力甘纳许

❶ 在锅中放入牛奶、淡奶油和白砂糖。开中火，放入煮开的蛋黄制成英式蛋奶酱。
❷ 在步骤1材料中加入用水（材料之外）泡开的吉利丁片，用木勺混合均匀。
❸ 锅底用水冲，把温度降到55摄氏度。
❹ 用过滤器过滤好之后移到碗中。
❺ 把牛奶巧克力放到别的碗中用水浴融化。把步骤4的材料分成几次，一点点加入，混合均匀乳化。
❻ 步骤4的材料全部放进去之后，加入朗姆酒混合。
❼ 混合到八分之后放入搅拌机中，真空状态下搅拌均匀。气泡变小，变得顺滑之后就完成了。

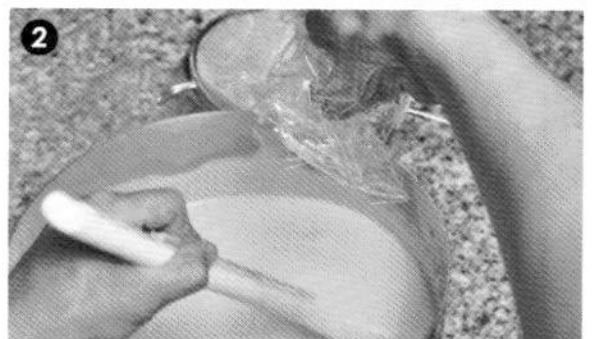

巧克力千层酥

❶ 碗中加入黑巧克力水浴融化，加入果仁糖用木勺搅拌均匀。
❷ 在步骤1的材料中加入千层酥，混合均匀。为了黑巧克力和千层酥更好地融合，注意温度不能降到30摄氏度以下。
❸ 准备好2个方盘，分别敷上OPP薄膜。分别加入620克步骤2的材料。用木勺和抹刀抹平。

组合成品

❶ 在方盘中放好的马龙蛋糕上面浇上1850克巧克力甘纳许。放入冷冻室内冷冻起来。
❷ 在别的方盘中放置的巧克力千层酥上放上桑托波奶油。放上步骤1的马龙蛋糕。长边按7.4厘米切成5等份。用保鲜膜包裹起来放到冷冻室内冷冻保存。放入展示柜之前，切成2.7厘米的块状。
❸ 上面挤上少量的桑托波奶油，放上可可粉和巧克力刨花装饰起来。

红色桑托波

长期畅销的“桑托波”是安食主厨在20多岁的时候就开始做的。在法芙娜公司的讲习会上，受到弗雷德里克鲍氏介绍的烹饪方法的启发，经过失败和改良，在诸多原创的作品中，也是一款有个性的作品。顺便说下，“桑托波” 在法语中是“火山口”的意思。正如其名，它的特色就是如火山喷出的岩浆一般的视觉效果。用了山莓粉的“红色桑托波”是根据2012年一起进行合作活动的“阿卡西”的兴野灯厨师的想法制作出来的。看上去像岩浆的焦糖风味的巧克力味桑托波奶油，中间添加了自己生产的开心果酱。把它放在微波炉里加热，使其内部熔化变成熔岩效果。

材料（直径5.5厘米，高5厘米的模具85个的量）

桑托波饼底

黑巧克力（可可含量57%）
......2000克
发酵黄油......300克
法式酥皮
- 蛋白......1520克
- 干燥蛋白......20克
- 白砂糖......600克

蛋黄......320克
低筋粉......220克

桑托波甘纳许

开心果......350克
米油......45克
牛奶巧克力A（不二制油公司产“烘焙用巧克力片”，可可含量40%）
......150克
牛奶巧克力B（法芙娜吉瓦那牛奶巧克力豆，可可含量40%）
......200克
带皮杏仁......45克
淡奶油（脂肪含量35%）......780克
玉米淀粉......18克
转化糖......24克

桑托波奶油

焦糖风味的英式蛋奶酱
- 白砂糖......275克
- 牛奶......1000克
- 淡奶油A（脂肪含量35%）......1000克
- 蛋黄（加糖20%）......640克

黑巧克力（可可含量62%）
......1000克
淡奶油B（脂肪含量35%）
......600克

组合成品

山莓粉......适量
山莓......适量
巧克力千层酥......
按照以下的分量来制作。制作方法参考第109页
- 黑巧克力（可可含量62%）......113克
- 牛奶巧克力（可可含量40%）......113克
- 带皮杏仁......525克
- 千层酥......450克

粒状巧克力......适量

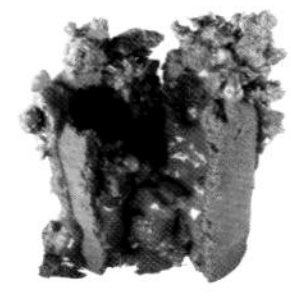

用微波炉加热20秒，像巧克力熔岩一样，切开的一瞬间桑托波甘纳许就汩汩地流淌出来

桑托波

2002年出品，让安食主厨扬名全国的一款产品。基本和红色桑托波相同，这款产品的中间是甘纳许、杏仁、开心果和榛子。

制作方法

桑托波饼底

❶ 黑巧克力放入碗中水浴融化，室温融化的发酵黄油切碎放入，黑巧克力和发酵黄油混合均匀。

❷ 搅拌机的碗中放入蛋白，以及事先混合好的干燥蛋白和白砂糖，装在搅拌机上，高速搅拌。

❸ 碗底用煤气罐点火加热，保持在25摄氏度左右，打发至法式酥皮开始分离。加温是为了防止和黑巧克力混合的时候消泡。

❹ 在步骤1的材料中加入加温到30摄氏度左右的蛋黄。

❺ 在步骤4的材料中加入步骤3的一部分法式酥皮，用打蛋器混合均匀。

❻ 在步骤3的材料中筛入低筋粉，用打蛋器混合均匀。

❼ 在步骤6的材料中加入步骤5的材料，用手或者刮胶混合均匀。

❽ 完成之后的状态，一直用打蛋器打发法式酥皮直到快要分离的状态。所以吃起来有脆脆的感觉。

桑托波甘纳许

❶ 在搅拌机中加入开心果搅拌，过程中加入米油混合均匀，做成开心果酱。

❷ 完成品是比较粗的状态。长时间搅拌之后，酱就会微微发热，香气就会弥漫开来。

❸ 碗中放入2种牛奶巧克力水浴融化。加入步骤2的材料。再加入带皮杏仁做成的酱，混合均匀。

❹ 在步骤2的食物搅拌机中加入步骤3的材料搅拌均匀。把牛奶巧克力和坚果混合均匀。

❺ 在碗中放入淡奶油、玉米淀粉和转化糖，用打蛋器打发至沸腾。

❻ 在步骤4的材料中，分几次一点点加入步骤5的材料，一直持续混合乳化。

❼ 步骤5的材料混合均匀后放入碗中，用刮胶混合搅拌均匀。

❽ 把步骤7的材料放入裱花袋中，挤入带有直径4厘米，深2厘米的凹洞的烤盘中，放入冷冻室冷冻起来。

桑托波奶油

❶ 制作焦糖。在锅中放入白砂糖，大火烧开。另取一个锅，加入牛奶和淡奶油A，放到中火上。
❷ 步骤1的白砂糖熔化成透明液体状的时候放到小火上，搅拌成均一的色泽。全部变成焦糖色之后关火，分数次加入煮开的牛奶和淡奶油A。用木勺使劲搅拌均匀。
❸ 在碗中加入蛋黄和一部分步骤2的材料，放回到锅中，再次开火，制作焦糖风味的英式蛋奶酱。
❹ 达到80～82摄氏度的时候关火取下来，锅底用流水冲洗，把温度降到55摄氏度左右。
❺ 把步骤4的材料过滤到碗中。
❻ 另取一个碗，放入黑巧克力水浴融化。把步骤5的材料分几次一点点加入。混合乳化均匀。
❼ 用电动打蛋器搅拌，混合均匀。
❽ 加入淡奶油B，用刮胶搅拌均匀。移到容器中放入冷藏室，静置一晚。

组合成品

❶ 在烤盘上放好模具，把烤纸裁成宽度7.5厘米的带状，然后放到模具内侧。挤入桑托波饼底至模具高度的2分处，挤入冷却凝固的桑托波甘纳许。
❷ 然后再注入桑托波饼底至九分满。放入冷冻室冷冻。
❸ 将步骤2的材料从冷冻室内取出，不解冻状态直接放入180摄氏度的风炉中，烤制20分钟。烤制到15分钟的时候烤盘的位置前后调转。注意不要烤到中间的桑托波甘纳许部分。烤制完成后用抹刀在蛋糕的上面钻个洞，形成中空结构。脱模后完全冷却。
❹ 撕掉烤纸，表面涂上山莓粉。
❺ 在蛋糕的空洞中，用手指填入山莓，用口径4毫米的裱花袋挤入桑托波奶油。
❻ 从顶部挂到侧面，用桑托波奶油装饰成火山口岩浆流出的视觉效果。
❼ 完成后放上巧克力千层酥，再用细小的山莓和粒状巧克力装饰。

米兰尼斯

安食主厨的原创设计。这是第一款“食器也可以食用”的蛋糕。“受连圆烤盘的生产商家委托，设计一款使用连圆烤盘制作的产品。以此为契机考虑制作了这款产品。”杯子蛋糕的中间是双倍奶油和秘制红色浆果。通过使用倒扣连圆烤盘的新方法，就可以将各种水果和流动性的素材组合起来。下半部分是好搭配的巧克力慕斯。底部是脆脆的桑托波奶油，搭配成非常有节奏感的组合。正如其名，有着米兰女性的干练形象，白色奶油和秘制红色浆果，再配上开心果酱，等等，形成显著的意大利食材和风格。

材料（直径5.5厘米，高5厘米的模具100个的量）

杏仁巧克力饼干

→参考第24页。

开心果酥

（直径5.5厘米，200个的量）

发酵黄油……420克

糖粉……264克

盐……3.2克

全蛋……120克

开心果粉……160克

开心果碎……200克

低筋粉……640克

开心果慕斯

英式蛋奶酱

- 牛奶……714克
- 白砂糖……147克
- 蛋黄（加糖20%）……352克

吉利丁片……24.7克

开心果酱……213克

樱桃白兰地……13克

阿玛利托……40克

淡奶油（脂肪含量35%）……714克

断面

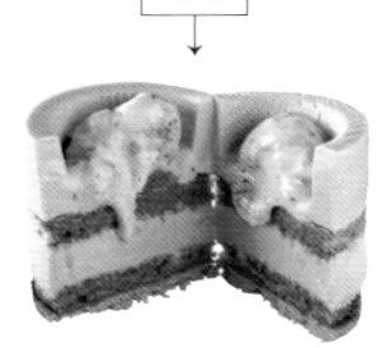

下面是巧克力慕斯，上面凹槽中的是开心果慕斯。切开的时候，凹槽中的馅料就流出来了

巧克力慕斯

英式蛋奶酱

- 牛奶……428克
- 淡奶油A（脂肪含量45%）……428克
- 海藻糖……100克
- 蛋黄（加糖20%）……222克

吉利丁片……14克

牛奶巧克力（可可含量40%）……534克

淡奶油B（脂肪含量35%）……715克

组合成品

桑托波奶油*1……适量

秘制红色浆果*2……160克（10个的量）

双倍奶油……53克（10个的量）

*1. 桑托波奶油的材料和制作方法参考第111、113页。

*2. 秘制红色浆果的材料制作方法参考第37页。

秘制红色浆果应当定期做好存放在冰箱冷冻室，使用的时候解冻就可以用了。很多时候也会只用里面的糖浆来调和使用

制作方法

杏仁巧克力饼干

饼底的制作参考第24页。切成厚1厘米的薄片，用直径5.5厘米的模具抠好。准备200个。

制作方法

开心果酥

❶ 在碗中放入室温融化的发酵黄油，用打蛋器打发至沙拉酱状。
❷ 加入糖粉、盐，用打蛋器混合均匀。
❸ 搅拌均匀的全蛋分数次一点点加入，一直充分搅拌均匀至乳化。
❹ 等到全蛋完全搅拌均匀后，加入开心果粉，打顺滑之后加入开心果碎，用刮胶搅拌均匀。
❺ 筛入低筋粉，用刮胶使劲搅拌均匀。
❻ 用手或者刮胶，搅拌均匀至完全没有粉末。
❼ 在方烤盘中铺上OPP薄膜，把步骤6的材料倒入，然后再用OPP薄膜盖上，放入冷藏室静置一晚。第2天，拉伸到3毫米的厚度，直径5.5厘米的模具抠好，放在烤盘上，用150摄氏度的风炉烤制。先打开热风循环烤制10分钟，然后烤盘前后调转位置，再烤3～5分钟。

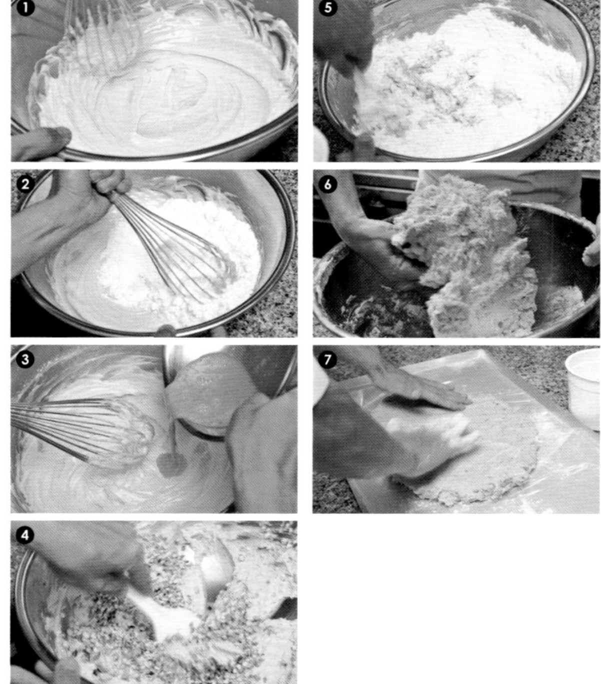

开心果慕斯

❶ 在锅中放入牛奶和白砂糖，中火烧开，烧开后和蛋黄混合在一起做成英式蛋奶酱。
❷ 吉利丁片用水（材料之外）泡开后加入步骤1的材料中，用木勺搅拌均匀。
❸ 锅底用流水冲，温度降低到55摄氏度。
❹ 用滤网过滤到另一个碗中。
❺ 碗中放入开心果酱，把步骤4的材料分几次一点点加入。其间一直用打蛋器搅拌乳化。
❻ 用搅拌机搅拌，搅打至顺滑。
❼ 加入樱桃白兰地和阿玛利托，用刮胶搅拌均匀。这个过程的温度控制在36摄氏度左右是比较理想的。
❽ 淡奶油打发至七分，加入步骤7的材料中，继续用刮胶充分搅拌均匀。

巧克力慕斯

❶ 锅中加入牛奶、淡奶油A和海藻糖后中火烧开，煮开后和蛋黄一起做成英式蛋奶酱。
❷ 在步骤1的材料中加入用水（材料之外）泡开的吉利丁片，用木勺搅拌均匀。
❸ 锅底冲冷水，降到55摄氏度。
❹ 用过滤器过滤到另一个碗中。
❺ 牛奶巧克力水浴融解，把步骤4的材料分几次，一点点加入，其间用打蛋器不停地搅打混合均匀。
❻ 步骤5的材料用电动打蛋器搅拌均匀。
❼ 淡奶油B打发至七分，加入步骤6的材料中，用打蛋器充分搅拌均匀。

组合成品

❶ 直径4厘米、深2厘米有凹槽的连圆烤盘中里面朝上，凸起的部分用模具盖起来，预先放到冷冻室内冷冻，开心果慕斯倒入模具中，大概倒至模具高度一半的位置。
❷ 杏仁巧克力饼干放置到步骤1的开心果慕斯上面，放入冷冻室冷冻。
❸ 在步骤2的材料上方，再倒入巧克力慕斯，直到离模具几毫米的位置。
❹ 杏仁巧克力饼干加到步骤3的巧克力慕斯上面，再次放入冷冻室冷冻。
❺ 开心果酥的一面涂上桑托波奶油。
❻ 步骤4的材料脱模，开心果慕斯的凹槽朝上，放到步骤5的材料上方。桑托波奶油就起到了黏合剂的作用。
❼ 秘制红色浆果沥干水分放入碗中，加入双倍奶油轻轻搅拌。
❽ 把步骤7的秘制红色浆果和双倍奶油放到开心果慕斯的凹槽中就完成了。

辉映

安食主厨在接受电视采访的同时，也想拍新作品，由此推出了这款新产品。在设计过程中，首先选择了安食主厨自己喜欢的洋甘菊。他制作了一种黏稠的酱汁，还使用了一种厄瓜多尔产的巧克力制作成慕斯，用于衬托洋甘菊。还有一种搭配材料在一开始时不确定，反复进行了试验，最终选定的是茉莉花。“不是和洋甘菊截然相反的东西，而是想用同样的东西来放大效果，并不是要形成鲜明的对比效果，而是想给人一种温和的叠加效果。”结果出乎意料的赞。两者的组合称得上交相辉映。

材料（直径5.5厘米，高5厘米的模具35个的量）

杏仁巧克力饼干

→参考第24页。

甜杏仁酱蛋糕

→参考第18页。拉伸到3毫米的厚度，用5.5厘米的模具抠出35个。

巧克力慕斯

英式蛋奶酱

- 牛奶……245克
- 白砂糖……70克
- 蛋黄……131克

吉利丁片……8.75克

黑巧克力（可可含量62%）……175克

牛奶巧克力（可可含量40%）……70克

淡奶油（脂肪含量35%）……560克

断面

周边是巧克力慕斯，凹槽中间是洋甘菊风味的酱。中间隐藏的是茉莉花风味的奶油

茉莉花风味的奶油

茉莉花风味的英式蛋奶酱

- 牛奶……300克
- 茉莉花……30克
- 淡奶油A（脂肪含量45%）……75克
- 白砂糖……12克
- 海藻糖……35克
- 蛋黄（加糖20%）……140克

啫喱……20克

淡奶油B（脂肪含量45%）……225克

洋甘菊风味的奶油

洋甘菊风味的英式蛋奶酱

- 牛奶……620克
- 洋甘菊……27克
- 淡奶油C（脂肪含量45%）……135克
- 白砂糖……67克
- 蛋黄（加糖20%）……252克

啫喱……15克

淡奶油D（脂肪含量45%）……405克

组合成品

桑托波奶油*……适量

茉莉花……适量

洋甘菊……适量

* 桑托波奶油的材料和制作方法参考第111、113页。

制作方法

杏仁巧克力饼干

制作方法参考第24页。切成厚1厘米的薄片，用直径5.5厘米的模具抠一下，准备好35个。

甜杏仁酱蛋糕

厚3毫米、直径5.5厘米的蛋糕放在烤盘上，风炉160摄氏度烤制30～35分钟。

巧克力慕斯

❶ 在锅中放入牛奶和白砂糖，用中火煮开之后加入蛋黄，做成英式蛋奶酱。
❷ 温度达到80～82摄氏度的时候关火取下来，放入用水（材料之外）泡开的吉利丁片。用木勺搅拌均匀。
❸ 碗中放入2种巧克力，然后用滤网倒入步骤2的材料中。
❹ 用英式蛋奶酱的热量把巧克力融化，用打蛋器搅打均匀直至乳化。
❺ 用电动打蛋器搅拌均匀，直至顺滑。
❻ 在步骤5的材料中分数次加入7分的淡奶油，用打蛋器持续搅拌。加入淡奶油时步骤5的材料温度保持在38～40摄氏度就比较理想。

茉莉花风味的奶油

❶ 在锅中加入牛奶和茉莉花，用小火烧开。
❷ 煮沸后用过滤器过滤到碗中，蒸发减少的牛奶再次补足（材料之外）。
❸ 把步骤2的材料放入锅中，加入淡奶油A、白砂糖、海藻糖，放在火上，一边用打蛋器搅拌一边加热。
❹ 取出一部分步骤3的材料加入碗中，放入蛋黄，用打蛋器搅拌均匀后放回到锅中，做成茉莉花风味的英式蛋奶酱。
❺ 温度达到80～82摄氏度的时候关火取下来，放入啫喱，锅底冲流水，然后放入冰水中冷却到30摄氏度。
❻ 在步骤5的材料中加入淡奶油B，用木勺搅拌均匀。
❼ 用电动打蛋器搅拌均匀，直至顺滑，然后用滤网过滤。
❽ 把步骤7的材料放入连圆烤盘中，浇入直径4厘米，深2厘米的凹槽中。放入冷冻室冷冻。

洋甘菊风味的奶油

❶ 在锅中加入牛奶和洋甘菊，用小火烧开。
❷ 煮沸后用过滤器过滤到碗中，蒸发减少的牛奶再次补足（材料之外）。
❸ 把步骤2的材料放入锅中，加入淡奶油C、白砂糖，放在火上，一边用打蛋器搅拌一边加热。
❹ 取出一部分步骤3的材料加入碗中，放入蛋黄，用打蛋器搅拌均匀后放回到锅中，做成洋甘菊风味的英式蛋奶酱。
❺ 温度达到80～82摄氏度的时候关火取下来，放入啫喱。
❻ 锅底冲流水，放入冰水中冷却到30摄氏度。
❼ 在步骤6的材料中加入淡奶油D，用木勺搅拌均匀。
❽ 然后用滤网把步骤7的材料过滤到碗中，上面蒙上保鲜膜放入冷藏室冷藏。

组合成品

❶ 直径4厘米，深2厘米有凹槽的连圆烤盘中里面朝上，凸起的部分用模具盖起来，预先放到冷冻室内冷冻，巧克力慕斯倒入模具中，大概倒到模具高度的七分满位置。
❷ 巧克力慕斯的正中间嵌入冷却凝固的茉莉花风味的奶油。
❸ 因为巧克力慕斯中间加了茉莉花风味的奶油，所以会浮起来，用勺子压平，在上面放上杏仁巧克力饼干，放到冷冻室内冷冻保存。
❹ 凝固之后脱模，巧克力慕斯的凹槽朝上放置。
❺ 在甜杏仁酱蛋糕的一面涂上桑托波奶油，放上步骤4的材料。
❻ 洋甘菊风味的奶油用裱花袋挤入巧克力慕斯的凹槽。最后用茉莉花和洋甘菊装饰一下。

榛子、香蕉和咖啡

基底是榛子果仁糖和加入整块新鲜香蕉的无面粉饼底。上面是咖啡风味的奶油和巧克力慕斯。与入口即化的饼底还有顺滑的奶油形成鲜明对比的是脆脆的榛子果仁糖。巧克力慕斯的制作中使用了个性鲜明的黑巧克力（可可含量达到75%），为了不和别的蛋糕混合又多加了英式蛋奶酱，来中和黑巧克力的风味和余韵。这个凹进去的慕斯形状在原创设计当中也是极具代表性的一个。这里面填充的奶油是出品前加入的，基底部分也是当天做的。和主厨的个性相仿，新鲜的东西自有魅力。

材料（直径5厘米，高5厘米的模具30个的量）

无面粉饼底

杏仁粉……187克
白砂糖……140克
发酵黄油……75克
全蛋……280克
法式酥皮
- 白砂糖……47克
- 蛋白……60克

榛子果仁糖*……每个里面3颗
香蕉……适量

* 榛子果仁糖的材料和制作方法参考第36页。

咖啡风味的奶油

咖啡风味的英式蛋奶酱
- 牛奶……207克
- 淡奶油A（脂肪含量45%）……45克
- 海藻糖……23克
- 咖啡粉……15克
- 蛋黄（加糖20%）……70克

啫喱……6克
淡奶油B（脂肪含量45%）……137克

巧克力慕斯

英式蛋奶酱
- 牛奶……300克
- 白砂糖……40克
- 蛋黄……100克

吉利丁片……10克
黑巧克力（可可含量75%）……150克
淡奶油（脂肪含量35%）……600克

榛子果仁糖在无面粉饼底做好后马上拿来使用。如果有多个颗粒粘连或者凝固在一起的话就需要用刀子等工具将其一粒一粒分开后再使用

香蕉是在用之前切成碎块

断面

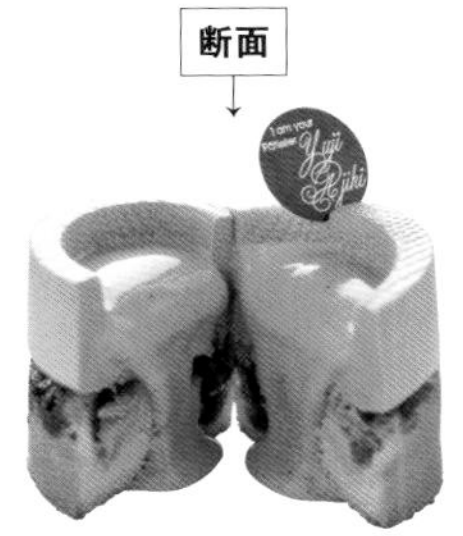

奶油融化在慕斯蛋糕的凹陷处，就好像一个甜品般的小蛋糕

制作方法

无面粉饼底

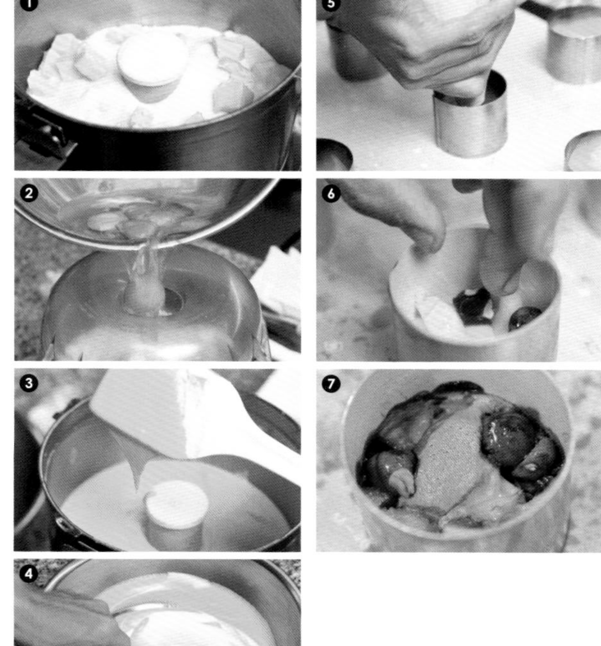

❶ 在搅拌碗中放入杏仁粉、白砂糖、切成圆圆的发酵黄油块，用10～12秒搅拌均匀，质地均一。

❷ 全蛋分4次，一点点加入。1次加入的话难以混合均匀。搅拌20秒之后混合均匀。剩下的鸡蛋分3次加入，充分搅拌均匀。

❸ 全部混合均匀后，应呈现如图一样的黏稠状。取出来放到一边。

❹ 白砂糖和蛋白加入搅拌机的碗中，制作法式酥皮（参考第34页）。把它分2次加入步骤3的碗中，一直转动碗，把刮胶斜着插入，兜底翻拌均匀。

❺ 在模具的内壁铺上敞口的烤纸，敞口朝外铺好。把步骤4的材料倒入装好裱花嘴的裱花袋中，挤入容器的1/3高度处。特意将敞口的烤纸反面和材料密切接触的目的是让材料的表面呈现出不规则状态。

❻ 然后把3颗榛子果仁糖和3片香蕉碎块轻轻地放进去，避免重叠。

❼ 放入180摄氏度的烤箱中烤制16～17分钟完成。首先打开热风循环烤10分钟左右。然后调换烤盘的前后位置，烤4～5分钟，然后关掉热风循环再烤2分钟左右。直到呈现如图所示的色泽为止。

咖啡风味的奶油

❶ 制作咖啡风味的英式蛋奶酱。锅中放入牛奶、淡奶油A、海藻糖、咖啡粉，中火烧开。用打蛋器混合均匀，提炼出咖啡的风味和香气。

❷ 加热到70摄氏度左右用小火烧开。煮沸后用过滤器过滤到碗中。

❸ 把步骤2的材料放入锅中，再次用中火加热。

❹ 把步骤3材料的一部分加入蛋黄放到碗中，用打蛋器搅拌均匀后放回到锅中。

❺ 注意锅底不要烧煳，用木勺慢慢搅拌，温度达到80～82摄氏度。

❻ 步骤5的材料关火取下来，用打蛋器搅拌均匀，加入啫喱。

❼ 把温度降低到30摄氏度左右，加入淡奶油B，用木勺搅拌均匀。

❽ 步骤7的材料过滤后移到碗中，表面用保鲜膜包好，放入冷藏室内。稍微静置好之后达到全部顺滑的状态，尽可能前一天准备好。

巧克力慕斯

❶ 制作英式蛋奶酱。在锅中放入牛奶和白砂糖，用中火煮开之后加入蛋黄，放回锅中，注意不要使火过大烧焦。

❷ 放入用水（材料之外）泡开的吉利丁片。用木勺搅拌均匀。

❸ 锅底用冷水冲，温度降低到55摄氏度以下，用滤网过滤。

❹ 黑巧克力水浴融化，分3次一点点加入步骤3的材料中。

❺ 最初的时候会分离，结成沙沙的块，慢慢地就顺滑起来，直到出现光泽。

❻ 用打蛋器搅打均匀乳化，直至顺滑。然后和剩下的部分一起混合均匀。

❼ 用刮胶搅拌均匀之后，用电动打蛋器持续搅拌直到质地均匀。

❽ 淡奶油打发至七分，加入一半步骤7的材料，温度保持在32摄氏度左右，然后加入剩下的淡奶油搅拌均匀。

组合成品

❶ 直径4厘米、深2厘米有凹槽的连圆烤盘中里面朝上，凸起的部分用模具盖起来，预先放到冷冻室内冷冻。

❷ 将巧克力慕斯倒入模具中，大概到模具高度一半的位置。

❸ 在步骤2的材料上放上无面粉饼底，放到冷冻室内冷冻保存。

❹ 凝固之后脱模，巧克力慕斯的凹槽朝上放置。在凹槽中间放入咖啡风味的奶油。

阿萨姆肉桂

正如其名，这款甜品是阿萨姆（红茶）和肉桂粉的绝妙组合。它的外形别致，令人印象深刻的是两者叠加的芳醇的香味。从下至上是甜杏仁酱蛋糕、杏仁巧克力饼干，利用无面粉饼底的凹槽做成的巧克力慕斯。巧克力慕斯的中心是香味浓郁的红茶风味的奶油。凹槽中间是肉桂风味的甘纳许。肉桂风味的甘纳许是可以流动的半凝固状态，插入叉子的话就流出来了。仿佛加了酱汁的甜品的感觉，超享受呢！

材料（成品的量各部分都有记载）

杏仁巧克力饼干

→参考第24页。切成厚度1厘米的薄片，用直径5.5厘米的模具抠出来。

甜杏仁酱蛋糕

→参考第18页。拉伸到3毫米的厚度，用直径5.5厘米的模具抠出来。用160摄氏度的风炉烤制30～35分钟。

巧克力慕斯

（直径5.5厘米、高5厘米的模具100个的量）

英式蛋奶酱

- 牛奶……245克
- 白砂糖……70克
- 蛋黄……131克

吉利丁片……8.75克

黑巧克力（可可含量62%）……175克

牛奶巧克力（可可含量40%）……70克

淡奶油（脂肪含量35%）……560克

红茶风味的奶油

（144个的量）

红茶风味的英式蛋奶酱

- 牛奶……1500克
- 淡奶油A（脂肪含量45%）……300克
- 白砂糖……36克
- 海藻糖……102克
- 红茶茶叶（阿萨姆）……90克
- 蛋黄（加糖20%）……540克

啫喱……81克

淡奶油B（脂肪含量45%）……900克

肉桂风味的甘纳许

（10个的量）

淡奶油（脂肪含量35%）……100克

肉桂粉……适量

黑巧克力（可可含量62%）……30克

牛奶巧克力（可可含量40%）……30克

组合成品

桑托波奶油*……适量

肉桂粉……适量

*桑托波奶油的材料和制作方法参考第111、113页。

制作方法

巧克力慕斯

❶ 在锅中放入牛奶和白砂糖，用中火煮开之后加入蛋黄，做成英式蛋奶酱。
❷ 步骤1的材料放入用水（材料之外）泡开的吉利丁片。用木勺搅拌均匀。
❸ 碗中放入2种巧克力，然后用滤网倒入步骤2的材料。用英式蛋奶酱的热量把巧克力融化，用打蛋器搅打均匀直至乳化。再用电动打蛋器搅拌均匀，直至顺滑。
❹ 步骤3的材料加入打发至七分的淡奶油分2～3次加入，并持续用刮胶搅拌均匀。

红茶风味的奶油

❶ 制作红茶风味的英式蛋奶酱。在锅中加入牛奶、淡奶油A、白砂糖、海藻糖、红茶茶叶（阿萨姆）放在火上，用小火烧开。烧开后关火打开盖子，放置3分钟后红茶的香气就沁入液体中了，用过滤器滤出备用。
❷ 步骤1的材料称一下重量，不足的量用牛奶补足（材料之外），放回锅中，中火烧开，加入蛋黄。
❸ 步骤2的材料降到80～82摄氏度的时候，关火取下锅，加入啫喱，将锅底放入流水中，冷却到55摄氏度，然后放入冰水中冷却到30摄氏度。
❹ 在步骤3的材料中加入淡奶油B，用木勺搅拌均匀，直至顺滑，然后用滤网过滤。
❺ 把步骤4的材料放到连圆烤盘中，浇入直径4厘米、深2厘米的凹槽中。放入冷冻室冷冻。

肉桂风味的甘纳许

❶ 在锅中放入淡奶油和肉桂粉，用小火煮开之后关火，取下来，打开盖子，放置3分钟后它的香气就沁入液体中了，用过滤器滤出备用。
❷ 碗中放入2种巧克力水浴融化。
❸ 步骤2的材料用滤网分几次倒入步骤1的材料。用打蛋器搅打均匀直至乳化。使用前几天就准备好，酿出香味。

组合成品

❶ 直径4厘米、深2厘米有凹槽的连圆烤盘里面朝上，凸起的部分用模具盖起来，预先放到冷冻室内冷冻。
❷ 巧克力慕斯倒入模具中，大概倒到模具高度六分的位置。
❸ 在模具的正中上面放上冷冻好的红茶风味的奶油，再用巧克力慕斯填满。
❹ 填入的馅料会沉降，所以用勺子再加一些奶油压平，然后在上面放上杏仁巧克力饼干。放入冷冻室冷冻后脱模。凝固之后脱模，巧克力慕斯的凹槽朝上放置。
❺ 在甜杏仁酱蛋糕的一面抹上桑托波奶油，再放上肉桂风味的甘纳许，使其在巧克力慕斯中间流动，最后撒上肉桂粉出品。

探戈

下面是牛奶巧克力甘纳许和杏仁果仁糖组成的挞、加入杏仁口味的无面粉巧克力饼干和白巧克力慕斯。白巧克力慕斯的凹槽中间是新鲜的秃顶柑和英式蛋奶酱。秃顶柑的酸味和巧克力的甜味；慕斯和挞皮的对比都是值得品尝的。换言之，探戈是柑橘类的一个杂交品种，特别指橘子和橙子的杂交品种。清见脐橙和秃顶柑也是其代表，这款甜品也是在清见脐橙和秃顶柑上市的时候提供的一款应季产品。

材料（直径6厘米的模具20个的量）

甜杏仁酱蛋糕

→参考第18页。拉伸到厚度2毫米，切成宽度1.5厘米的带状。

椰子酥

发酵黄油……100克
糖粉……50克
盐……0.4克
椰子碎……100克
蛋黄……15.2克
中筋粉……122克
脱脂奶粉……4克

无面粉巧克力饼干

杏仁粉……96克
可可粉……4克
白砂糖……75克
发酵黄油……40克
秃顶柑的皮……适量
全蛋……150克
法式酥皮
- 蛋白……32克
- 白砂糖……25克

白巧克力慕斯

英式蛋奶酱
- 牛奶……94克
- 海藻糖……24克
- 蛋黄（加糖20%）……52克

吉利丁片……5克
白巧克力……110克
淡奶油（脂肪含量35%）……300克

英式蛋奶酱

牛奶……84克
淡奶油A（脂肪含量45%）……18克
海藻糖……10克
蛋黄（加糖20%）……34克
啫喱……4克
淡奶油B（脂肪含量45%）……54克

牛奶巧克力甘纳许

淡奶油（脂肪含量35%）……188克
吉利丁片……0.7 克
牛奶巧克力（可可含量40%）……90 克

杏仁果仁糖

白砂糖……300克
水……100克
杏仁碎……250克

组合成品

秃顶柑……40瓤
橙子皮……适量

制作方法

椰子酥

❶ 发酵黄油放入碗中室温软化，用打蛋器打成沙拉酱状。加入糖粉和盐用打蛋器搅拌均匀。
❷ 椰子碎用搅拌机打成糊状，加入步骤1的材料中搅拌均匀。
❸ 加入蛋黄，混合均匀至乳化。
❹ 中筋粉和脱脂奶粉一起混合过筛，加入步骤3的材料中。用刮胶切碎，搅拌均匀至没有粉末。
❺ 混合均匀后摊平，用保鲜膜包好，放入冷藏室内静置一晚。
❻ 从冷藏室中取出材料，摊成4毫米厚，用直径5.5厘米的模具抠出。

无面粉巧克力饼干

❶ 将杏仁粉、可可粉、白砂糖、发酵黄油、秃顶柑的皮等放入搅拌机中，全蛋分几次，每次一点点加入，搅拌均匀。
❷ 进行步骤1的同时，在搅拌机的碗中放入蛋白和白砂糖，制作法式酥皮。（参考第34页）
❸ 把步骤1的材料放入碗中，加入步骤2的材料混合均匀。
❹ 在烤盘上铺上烤纸，并列放好直径6厘米、高3厘米的模具。倒入步骤3的材料至三四分满。
❺ 放入180摄氏度的风炉中，烤制12分钟。
❻ 从烤箱中取出来，等到完全冷却，用刀插入模具和饼干底之间，脱模。

白巧克力慕斯

❶ 锅中放入牛奶、海藻糖中火烧开，烧开后加入蛋黄一起做成英式蛋奶酱。
❷ 烧开之后加入用水（材料之外）泡开的吉利丁片，锅底用水冲凉，冷却至55摄氏度。用滤网过滤。
❸ 白巧克力水浴融化和步骤2的材料混合在一起，直至完全乳化。
❹ 步骤3的材料中加入打发至七分的淡奶油，混合均匀。

英式蛋奶酱

❶ 锅中放入牛奶、淡奶油A、海藻糖用火烧开，煮沸后加入蛋黄做成英式蛋奶酱。
❷ 煮完后放入啫喱，锅底放在流水或者冰水中，冷却至30摄氏度。
❸ 加入淡奶油B混合均匀。

牛奶巧克力甘纳许

❶ 锅中加入淡奶油，用火加热到50摄氏度。加入用水（材料之外）泡开的吉利丁片。
❷ 牛奶巧克力水浴融化，把步骤1的材料分几次，每次一点点地加入。一直搅拌均匀直至完全乳化。

杏仁果仁糖

❶ 锅中放入白砂糖和水用火烧开， 加热到115～118摄氏度。
❷ 在步骤1的锅中加入杏仁碎，焦糖化后从火上取下，散去余热。

组合成品

❶ 直径6厘米、高3厘米的模具的下半部分用切成带状的甜杏仁酱蛋糕围起，底下嵌入直径5.5厘米的圆形椰子酥。放入150摄氏度的风炉中烤制20分钟。
❷ 烤制完成后的饼底上撒上杏仁果仁糖，浇上牛奶巧克力甘纳许。放入冷藏室醒发。
❸ 直径4厘米、深2厘米的连圆模具里面朝上，盖住直径6厘米、高3厘米的模具的凸起部分。白巧克力慕斯放入模具中，填满凸起部分。连圆模具和另一个模具都要事先放入冷冻室内冷冻。
❹ 在步骤3的材料上面放上无面粉巧克力饼干，放入冷冻室内冷冻后脱模。
❺ 在步骤2的材料上放上步骤4的材料，凹槽部分重叠在上方，在白巧克力慕斯的凹陷处放入两瓣薄薄的秃顶柑和英式蛋奶酱，削一些橙子皮做装饰。

核桃达克瓦兹

厚厚的达克瓦兹饼底中间和表面都铺满坚果慕斯奶油做成的核桃达克瓦兹。因为做成了厚厚的饼底，所以口中脂香满溢，更加能真切地体会到达克瓦兹的可口口感。安食主厨说："个人看来，坚果类的慕斯蛋糕中，使用核桃的口感最佳，没有之一。"理由是，核桃的涩味会给整体口感带来锐利的感觉，使得味道有更深的层次感。为了与完成品的印象更贴合，核桃酱是用自家烤过的核桃磨的。将此和充满空气感、质地轻柔的慕斯融合，可以体会到核桃的香味更加浓郁，奶油在嘴里融化开来的绝妙感觉。然后再慢慢品味核桃涩涩的余韵。

材料（直径18厘米2个的量）

达克瓦兹饼底

法式酥皮

- 蛋白……360克
- 干燥蛋白……16克
- 白砂糖……108克

糖粉……163克

杏仁粉……268克

坚果慕斯奶油

英式蛋奶酱

……制作以下分量，使用150克

- 牛奶……275克
- 淡奶油A（脂肪含量45%）……60克
- 蛋黄（加糖20%）……90克
- 啫喱……5克
- 淡奶油B（脂肪含量45%）……180克

发酵黄油……300克

核桃酱……100克

意大利酥皮

……制作如下分量，使用60克

- 白砂糖……100克
- 水……30克
- 蛋白……50克

组合成品

核桃……100克

糖粉……适量

法国格勒布尔产的罐装新鲜核桃仁。轻轻碾碎会散发出浓郁的香味，我们用搅拌机制成核桃酱

制作方法

达克瓦兹饼底

❶ 制作法式酥皮。将事先混合冷冻好的蛋白、干燥蛋白、白砂糖解冻后搅拌均匀（参考第34页）。材料没有完全出来黏性的时候加入少许白砂糖，因为事先做了充分冷冻，所以只需要很低的甜度就可以打成尖峰状。

❷ 把步骤1的材料放入碗中，加入糖粉和杏仁粉，用刮胶搅拌均匀。

❸ 准备好两个烤盘，铺上烤纸，分别放上2个直径18厘米、高2厘米的模具。把步骤2的材料放入模具中，用抹刀抹平。

❹ 脱模，用筛子分两次筛入糖粉（材料之外）。

❺ 用170～180摄氏度的风炉烤制15分钟。

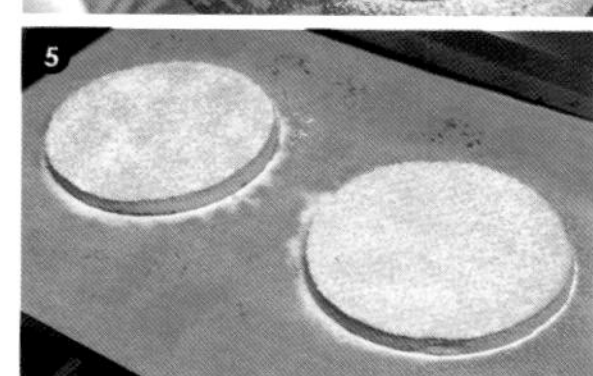

坚果慕斯奶油

❶ 锅中放入牛奶、淡奶油A，放在中火上烧开后加入蛋黄，做成英式蛋奶酱。

❷ 达到80～82摄氏度的时候从火上取下；加上啫喱，用木勺混合溶解。锅底放入流水或者冰水中冷却。

❸ 冷却到30摄氏度时，加入淡奶油B，用刮胶搅拌均匀。并过滤备用。

❹ 发酵黄油放在搅拌机的碗中室温软化，中速搅拌均匀。

❺ 在步骤4的材料中加入步骤3的材料和核桃酱，中速混合均匀。

❻ 把步骤5的材料放入碗中，加入意大利酥皮（参考第35页），然后用刮胶搅拌均匀。

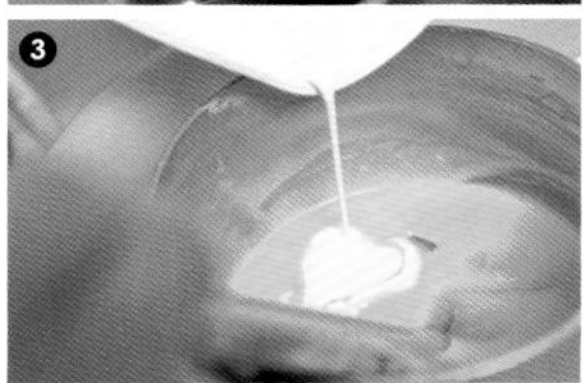

组合成品

❶ 达克瓦兹饼底面朝下放在裱花台上，用直径1.5厘米的裱花嘴挤出坚果慕斯奶油。先在饼底挤出一圈圆形，然后从中心盘旋挤成旋涡状。

❷ 切碎的核桃的一半均匀地撒在坚果慕斯奶油上。

❸ 然后再取一枚饼底底面朝上覆盖到步骤2的材料上面，用抹刀在上面涂上坚果慕斯奶油。

❹ 用抹刀刮出自己喜欢的图案。

❺ 撒上剩下的核桃，最后筛上糖粉。

玛卡哈-4

达克瓦兹饼底、焦糖风味的慕斯加上杧果和百香果奶油、椰子风味的慕斯组合而成的特别款甜品。整体是轻盈的口感，椰子的香甜和杧果、百香果的酸甜味道都令人印象深刻。顶上挤了椰子风味的白巧克力甘纳许，站立着棒状的椰蓉酥皮，是非常立体的造型。从横截面可以看到非常鲜艳的橘色奶油块。视觉效果上也是下足了功夫。商品名称来源于夏威夷非常有名的冲浪点“玛卡哈”。“4”则代表4次更新的意思，名字中包含着主厨对冲浪这一生活方式的热爱。

材料（37厘米×27厘米的模具2个的量）

达克瓦兹饼底

法式酥皮

- 白砂糖……135克
- 干燥蛋白……20克
- 蛋白……450克

杏仁粉……334克

糖粉……203克

低筋粉……30克

椰子碎……适量

椰子风味的法式酥皮

（以下是制作方便的量）

蛋白……265克

白砂糖……465克

糖粉……45克

椰子碎……105克

杧果和百香果奶油

杧果蓉……184克

百香果果泥……184克

白砂糖……112克

全蛋……140克

蛋黄……112克

发酵黄油……200克

焦糖风味的慕斯

焦糖风味的英式蛋奶酱

- 白砂糖……194克
- 牛奶……220克
- 淡奶油A（脂肪含量35%）……220克
- 蛋黄（加糖20%）……166克

吉利丁片……16克

白巧克力……150克

淡奶油B（脂肪含量35%）……620克

椰子风味的慕斯

椰蓉A（Boiron）……280克

椰蓉B（AYAM“AYAM椰奶”）……600克

吉利丁片……15克

白巧克力……400克

淡奶油（脂肪含量35%）……550克

椰子风味的白巧克力甘纳许

（以下是方便准备的量）

白巧克力……15克

淡奶油（脂肪含量40%）……150克

脱脂奶粉……3.3克

椰蓉（AYAM“AYAM椰奶”）……20克

制作方法

达克瓦兹饼底

❶ 制作法式酥皮（参考第34页），做完之后会呈现光泽，纹理稳定。只用搅拌机的话混合不到位，总是会有残留，最后将法式酥皮移到碗中，用打蛋器手动打发，直到全部质地均匀，纹理细腻。

❷ 和步骤1的操作同时进行，杏仁粉和糖粉、低筋粉混合均匀过筛，之后分成4份加入步骤1的材料中，这个过程中持续地转动碗，用刮胶彻底兜底翻拌搅拌均匀。

❸ 烤盘准备4个，分别铺上烤纸，全部撒上椰子碎。用模具做上标记。在口径为1.2厘米的裱花袋中装入步骤2的材料，根据模具的大小来挤材料。

❹ 过筛的糖粉（材料之外）分成2份筛入，放入180摄氏度的风炉中烤制，打开热风循环，烤制约15分钟。打开烤箱放入约10分钟之后，调换烤盘的前后位置，再烤制4分钟。观察上色程度，视情况再烤制1～2分钟。

椰子风味的法式酥皮

❶ 在搅拌机的碗中加入蛋白，白砂糖分几次加入并混合均匀，制作法式酥皮（参考第34页）。
❷ 将步骤1的材料放入碗中，加入糖粉和椰子碎，用刮胶搅拌均匀。
❸ 烤盘上铺上烤纸，用口径7毫米的裱花嘴挤入步骤2的材料。挤成棒棒状。放入烤箱中，上火130摄氏度，下火130摄氏度平炉烤制约1个半小时。因为放了椰子碎，所以非常容易上色，这一点要十分注意。

杧果和百香果奶油

❶ 在锅中放入杧果蓉、百香果果泥和白砂糖。加入全蛋和蛋黄放在火上。用打蛋器混合均匀后加热，待到空气进入后加浓度。
❷ 到85摄氏度左右的时候关火取下来，锅底用流水或者冰水浸一下冷却到45摄氏度左右。
❸ 步骤2的材料用过滤器过滤后放入搅拌机中，加入发酵黄油搅拌均匀。
❹ 把步骤3的材料放入碗中，蒙上保鲜膜，放入冷藏室冷藏。

焦糖风味的慕斯

❶ 制作焦糖。锅中放入白砂糖，大火烧。同时，另取一个锅放入牛奶和淡奶油A，用火烧开。
❷ 步骤1的白砂糖熔化变成透明的液体之后关小火。放在合适的锅中调和成一致的色泽。之后加入足量的打发好的奶油。这样，色泽亮丽微微带点焦苦的焦糖浆就做好了。
❸ 步骤1烧开的牛奶和淡奶油A分数次一点点加入步骤2的材料中，并持续搅拌均匀。
❹ 步骤3的一部分加入蛋黄放入碗中，用打蛋器混合均匀之后放回到锅中，制作焦糖风味的英式蛋奶酱。
❺ 步骤4的材料达到80～82摄氏度之后关火取下，加入用水（材料之外）泡开的吉利丁片混合均匀，锅底放在流水或者冰水中冷却到45摄氏度左右。之后，用过滤器过滤后放入碗中。
❻ 另取一个碗放入白巧克力水浴融化，步骤5的材料分几次少量加入，用打蛋器持续搅拌乳化。
❼ 用电动打蛋器搅拌均匀，整理好纹路。
❽ 淡奶油B打发至七分，然后分数次加入步骤7的材料中，并且用刮胶持续搅拌均匀。

椰子风味的慕斯

❶ 锅中放入两种椰蓉和用水（材料之外）泡开的吉利丁片，用打蛋器搅拌均匀使吉利丁片溶化。达到40摄氏度之后关火取下，用过滤器过滤到碗中。

❷ 另取一个碗放入白巧克力水浴融化，将步骤1的材料分几次一点点加入。其间一直用打蛋器搅拌均匀。

❸ 用电动打蛋器搅拌，整理好纹路。

❹ 步骤3的材料加入打发至七分的淡奶油，用刮胶搅拌均匀。

椰子风味的白巧克力甘纳许

在碗中放入白巧克力水浴融化，煮沸后加入淡奶油，用打蛋器混合乳化。碗底放在冰水中冷却，放在冷藏室内静置一晚。第2天，从冷藏室内取出，和脱脂奶粉、椰蓉一起混合均匀，用打蛋器打发至五分。使用之前把碗底直接放在冰水中，用打蛋器打发至九分然后用电动打蛋器搅拌均匀。

组合成品

❶ 烤好的达克瓦兹饼底4枚，切成合乎模具大小的形状。其中的2枚放到铺好烤纸的模具中。

❷ 步骤1每个模具的上面注入725克焦糖风味的慕斯。放入冷冻室冷冻。

❸ 在步骤2的材料上面放上剩下的达克瓦兹饼底。

❹ 在口径1厘米的裱花袋中装入杧果和百香果奶油，在步骤3的材料完成面上挤出小圆，如要在断面上体现出奶油的样子，那么和模具的连接处也要挤上奶油。

❺ 在步骤4的材料上面挤上椰子风味的慕斯，一个模具920克。放入冷冻室冷冻。

❻ 然后切成4.5厘米×4.4厘米的小块，用圣安娜裱花嘴裱上椰子风味的白巧克力甘纳许。

❼ 椰子风味的法式酥皮折成适当的长度，紧贴椰子风味的白巧克力甘纳许进行立体装饰。

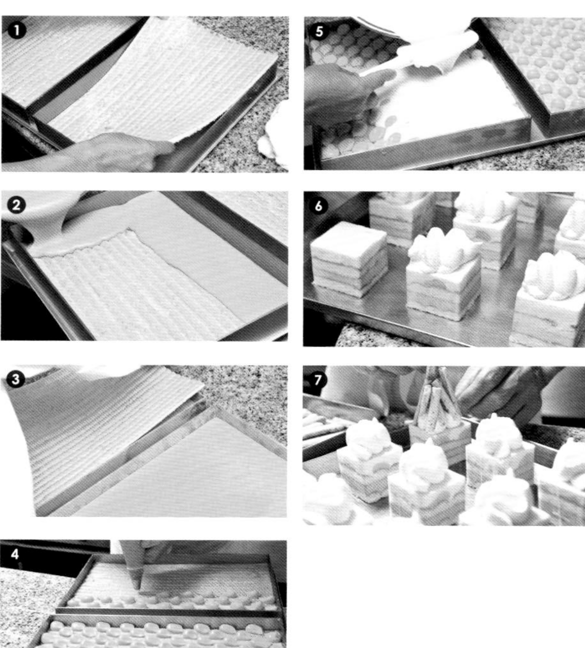

格勒诺布尔

达克瓦兹饼底加上坚果慕斯奶油8层重叠组合而成的普吉卡托蛋糕。以核桃为主的茶色系的组合，第一眼就可以看出是秋冬款的蛋糕。而其融合了橙子清爽的口感是安食主厨独创的。中间夹心的奶油除了自己家制作的核桃酱和橙皮，还加入香甜可口的橙皮刨花，进一步提升了风味和口感。上面加入白巧克力甘纳许。再用咬起来十分可口的核桃和橙皮刨花装饰，满嘴都是核桃和橙皮的香味，口感层次丰富。脂香浓郁的核桃和水分充沛的橙皮互补，是四季皆宜的经典产品。

材料（4.5厘米×4.4厘米，48个的量）

达克瓦兹饼底

法式酥皮

- 白砂糖……224克
- 干燥蛋白……32.5克
- 蛋白……750克

杏仁粉……555克

糖粉……336克

低筋粉……49克

坚果慕斯奶油

英式蛋奶酱……制作以下分量，使用225克

- 牛奶……275克
- 淡奶油A（脂肪含量45%）……60克
- 白砂糖……30克
- 蛋黄（加糖20%）……112克
- 淡奶油B（脂肪含量45%）……180克

核桃酱……150克

橙皮……半个

意大利酥皮……制作如下分量，使用90克

- 白砂糖……150克
- 水……45克
- 蛋白……75克

发酵黄油……450克

橙皮刨花……80克

白巧克力甘纳许

白巧克力……30克

淡奶油（脂肪含量40%）……300克

脱脂奶粉……6.6克

核桃酥

发酵黄油……125克

糖粉……63克

盐……0.5克

生核桃酱……125克

蛋黄……19克

中筋粉……148克

脱脂奶粉……5克

组合成品

核桃……120克

糖粉……适量

橙皮刨花……适量

制作方法

达克瓦兹饼底

❶ 制作法式酥皮（参考第34页），做完之后会出现光泽，纹理稳定。只用搅拌机的话混合不到位，总是会有残留，最后将法式酥皮移到碗中，用打蛋器手动打发，直到全部质地均匀，纹理细腻。

❷ 和步骤1的操作同时进行，杏仁粉和糖粉、低筋粉混合均匀过筛。这些材料分成4份加入步骤1的材料中，这个过程中持续地转动碗，用刮胶彻底兜底翻拌搅拌均匀。

❸ 模具准备4个，将步骤2完成的材料用奶酪压平器分别压制成1厘米的厚度。

❹ 步骤3的材料用37厘米×27厘米的模具抠出所需要的面团，其余部分切掉。

❺ 和模具一起放到烤盘上，分别撒上两遍糖粉（材料之外）。

❻ 放入180摄氏度的风炉中烤制，打开热风循环，烤制约10分钟，之后调换烤盘的前后位置，再烤制3～4分钟。烤完之后脱模，散掉热量。

坚果慕斯奶油

❶ 先做英式蛋奶酱（参考第32页）。在同一家店的话英式蛋奶酱会使用到各种各样的甜品中去，提前一天准备完成，当天制作不同的蛋糕时，用过滤器滤出所需要的分量。

❷ 英式蛋奶酱中会放入自家制作的核桃酱，用150摄氏度的风炉烤制8分钟（如果是平炉的话上下火都是180摄氏度，前后烤10分钟不到），烤制完成后的核桃用搅拌机搅打成沙沙的状态。

❸ 削入橙皮。

❹ 用刮胶搅拌均匀，放入冷藏室冷藏。

❺ 制作意大利酥皮（参考第35页）。

❻ 进行步骤5的同时，把切成小块室温软化的发酵黄油放入搅拌机的碗中，最初低速挡搅拌，慢慢加快速度，为了混入更多的空气要全速打发。中途要停下来用刮胶把内壁上的材料刮下来拌均匀再搅打。

❼ 如图打发到全部变白并蓬松的状态就可以了。

❽ 加入步骤4和步骤7的材料。然后中速挡搅拌均匀。

❾ 全部打发均匀之后，和削好的橙皮刨花以及步骤5的意大利酥皮一起放入碗中。

❿ 用刮胶兜底翻拌均匀。这个步骤完成后要立即组合成品。

白巧克力甘纳许

❶ 在碗中放入白巧克力水浴融化。

❷ 白巧克力融化之后，一点点加入淡奶油，用打蛋器混合乳化均匀。

❸ 乳化之后最初是分离状态，最后融合成一体，变成沙拉酱的状态。

❹ 充分乳化完成之后，加入淡奶油剩下的1/4的量，剩下的一起混合均匀。

❺ 碗底放在冰水中冷却，温度降至10摄氏度之后，放在冷藏室内静置一晚。

❻ 第2天，从冷藏室内取出，和脱脂奶粉一起混合均匀，先用打蛋器打发至五分。使用之前把碗底直接放在冰水中，用打蛋器打发至九分然后用电动打蛋器搅拌均匀。

核桃酥

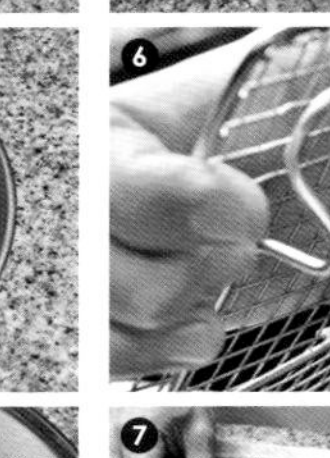

❶ 碗中放入室温回软的发酵黄油，用打蛋器打成沙拉酱的状态。容易凝固的话就将碗底放到火上加热再搅拌。这里加入糖粉和盐用打蛋器搅拌均匀。

❷ 生核桃酱、蛋黄次第添加，其间一直用打蛋器混合均匀。这里使用的生核桃酱、坚果慕斯奶油也都是我们自己家做的。但是，这里是后面放到火上，生核桃酱做的时候使用的是生核桃。因为没有烤制过，所以区别之前沙拉的形状，完成后应该是一整团的。

❸ 中筋粉和脱脂奶粉混合后加入步骤2的材料中，用刮胶翻拌均匀，直到没有粉末为止。

❹ 用刮胶再次拌均匀。

❺ 放在保鲜膜上，摊成厚度1厘米左右，用保鲜膜包好，放在冷藏室静置一晚。

❻ 第2天，把面团从冷藏室中取出来，切成适当的大小，用格子状的网压一下面团，分割成小块。

❼ 放到烤盘上排列好，放到150摄氏度的风炉中，打开热风循环，烤制5分钟。然后烤盘前后调换位置，再烤5分钟。尽量在操作的间隙同时准备完成。

组合成品

❶ 达克瓦兹饼底脱模，每一枚都抹上300克坚果慕斯奶油，用抹刀抹平。

❷ 然后在上面撒上1/3的核桃。核桃用150摄氏度的风炉烤制8分钟后马上撒上去。烤制的时间和温度与使用英式蛋奶酱的时间吻合，所以尽量一起完成备品。

❸ 面团、奶油和核桃3层叠加，最后第4枚面团来盖住。相当于只有这个饼底跟摊在模具的那个饼底是相向的。剩下的奶油抹在上面，放在冷藏室内冷藏起来。

❹ 切成4.5厘米×4.4厘米的长方体。想要切得漂亮，可以先冻起来，然后自然解冻1小时再切。

❺ 直径1厘米的裱花袋装入白巧克力甘纳许，挤在上面。

❻ 用抹刀把圆圆的白巧克力甘纳许整理成山形。

❼ 放上核桃酥。

❽ 撒上糖粉，用橙皮刨花做装饰。

甜心狩猎

灵感来源于迪斯尼乐园的人气明星“维尼的甜心”。不仅是视觉效果，还有实际被芳香包裹的和主题人物一样的造型，大人和小孩都能感受到幸福的香甜风味弥漫的一款甜品。最中心的是南法普罗旺斯产的一款香草蜂蜜。中心是加了马达加斯加出产的香草风味的奶油，上面是加工过的焦糖沙司。基底是枫糖风味的蒙娜丽莎饼干。增添了香气和良好的口感。由蜂蜜、香草、焦糖、枫糖等丰富多彩的甜香素材组合而成，调整成为甜到心里的一款蛋糕。

材料（直径6厘米，高3.5厘米的六角形80～90个的量）

枫糖风味的蒙娜丽莎饼干

杏仁粉……172克
糖粉……57克
枫糖……24克
生杏仁酱……50克
全蛋……160克
蛋黄……100克
法式酥皮
- 白砂糖……195克
- 干燥蛋白……7克
- 蛋白……354克

低筋粉……154克
融化的黄油……60克

蜂蜜慕斯

蛋黄（加糖20%）……376克
吉利丁片……35克
蜂蜜……658克
淡奶油（脂肪含量42%）……1872克

香草风味的奶油

香草风味的英式蛋奶酱
- 香草豆荚……2根
- 牛奶……800克
- 淡奶油A（脂肪含量45%）……200克
- 白砂糖……25克
- 海藻糖……66克
- 蛋黄（加糖20%）……375克

啫喱……53克
淡奶油B（脂肪含量45%）……600克

焦糖沙司

白砂糖……300克
淡奶油C（脂肪含量35%）……450克
淡奶油D（脂肪含量35%）……120克

组合成品

意大利酥皮……制作以下的分量，适量使用
- 白砂糖……100克
- 水……30克
- 蛋白……50克

枫糖浆*……制作以下的分量，适量使用
- 枫糖浆……500克
- 水……100克

肉桂粉……适量
粒状巧克力……适量

＊小锅中放入枫糖浆和水，放在火上，轻轻搅拌使糖浆融化，煮沸后关火取下（使用的时候大约回温到40摄氏度左右）。

使用的是薰衣草、薄荷等南法出产的香草与蜂蜜混合形成的普罗旺斯的蜂蜜。和慕斯等混合之后仍然是存在感非常强的风味特征

断面

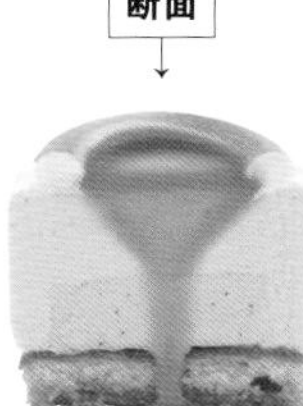

香草风味的奶油包裹起来的蜂蜜慕斯。叉子插入的话就会有焦糖沙司缓缓流出

制作方法

枫糖风味的蒙娜丽莎饼干

❶ 搅拌机中放入杏仁粉、糖粉、枫糖，混合均匀。

❷ 生杏仁酱撕碎放入，搅拌30～40秒，完全混合均匀。

❸ 全蛋和蛋黄放入碗中搅拌均匀，分3次加入步骤2的材料中混合均匀。先用打蛋器舀一点放入步骤2的材料中，搅拌15秒。转动碗，然后用刮胶把内壁的材料全部刮到底部。加入剩下的鸡蛋的一半的量搅拌50秒。用同样方法兜底翻拌均匀。然后加入剩下的鸡蛋，转1分钟彻底搅拌均匀。

❹ 全部充分搅拌均匀之后，从碗中取出来。混合完成之后变得有光泽，呈凝固的慕斯状。

❺ 法式酥皮（参考第34页）。

❻ 加入法式酥皮用打蛋器搅拌均匀，用打蛋器舀一点放入步骤4的材料中。转动碗，用刮胶兜底翻拌均匀。步骤4的材料和法式酥皮一起混合均匀。

❼ 加入剩下的法式酥皮的一半，同样方法搅拌均匀。但是，这里注意不要消泡，混合均匀。

❽ 筛入低筋粉，同样方法搅拌均匀。

❾ 最后加入剩下的法式酥皮，同样方法混合均匀。黄油融化到60摄氏度之后加入。转动碗，搅拌至全部质地均匀。

❿ 38.5厘米×27.5厘米的2个烤盘分别铺上烤纸，分别倒入步骤9的材料630克，用刮胶将表面刮平。

⓫ 上下火都是200摄氏度的平炉中烤制14～15分钟。取出后连烤纸一同放到烤网上凉凉。

蜂蜜慕斯

❶ 在搅拌机的碗中放入蛋黄，放到搅拌机上，低速打发起泡（大约1个小时）。

❷ 蛋黄打发起泡的时候，吉利丁片用水（材料之外）泡开并控干水分，放在厨房纸巾上吸干水分。

❸ 锅里放入蜂蜜中火烧开，加热到120摄氏度。超过100摄氏度的时候表面会咕噜咕噜冒泡，这个时候继续加热。达到120摄氏度的时候关火，拿开锅后，泡泡就消失了。

❹ 步骤1的搅拌机开到高速挡，步骤3的材料用一定的速度和厚度缓缓注入。注入的厚度在1厘米左右。完成之后高速转动1分钟。然后调整到中速1分钟，然后再低速1分钟。直到大泡泡变细、变均匀。

❺ 再低速搅拌1分钟。这时融入步骤2的吉利丁片。这个时间控制在40～45摄氏度就比较理想。如果温度比较高，可以再搅拌下让温度降下来。

❻ 淡奶油打发至六分，和步骤5的材料混合均匀。

香草风味的奶油

❶ 制作香草风味的英式蛋奶酱。香草豆荚纵向剖开，取出中间的香草籽。锅中放入牛奶、淡奶油A、白砂糖、海藻糖、香草籽，之后用打蛋器迅速搅拌均匀，用中火烧开。

❷ 碗中加入蛋黄、1/3步骤1的材料，打发起泡混合均匀。

❸ 把步骤2放回锅中，加入香草风味的英式蛋奶酱中火烧开。香草籽放入锅中，为了使火受热均匀，需要时不时动一下锅，用木勺在其底部像书写“の”字（日语，“的”的意思）一样画圈。

❹ 步骤3的温度达到80～82摄氏度后，关火取下。加入啫喱，用打蛋器充分搅拌均匀。

❺ 锅底用冷水冲或者放入冰水中，用木勺搅拌冷却到30摄氏度左右。

❻ 淡奶油B中加入步骤5的材料。木勺伸到锅底慢慢搅拌均匀。

❼ 步骤6获得的材料用滤网过滤。

❽ 步骤7倒入漏斗中，倒入到直径4厘米、深2厘米的带凹槽的连圆模具中，放入冷冻室冷冻。

焦糖沙司

❶ 制作焦糖。锅中放入白砂糖，大火烧开。

❷ 和步骤1同时进行，另外一个锅放入淡奶油C，开中火。

❸ 步骤1的白砂糖熔化变成透明的液体之后开小火。根据个人喜好来调整浓度。

❹ 步骤2的淡奶油C周围咕嘟咕嘟冒泡后（温度大约在80摄氏度），关火取下来，分3～4次添加到步骤3的材料中。每次加进去之后，用木勺混合均匀，直到出现光泽，最初的时候容易分离，少量添加，全体搅拌均匀之后，慢慢增加它的量。

❺ 锅底放入冰水中，用木勺轻轻搅拌，使之慢慢冷却。慢慢出现光泽和纹路。

❻ 步骤5的材料冷却到30摄氏度之后，加入淡奶油D混合均匀。用滤网过滤，在冷藏室中静置一晚。静置的过程可以使得材料全体融合，增加黏性，味道也更香醇。

组合成品

❶ 做完的蜂蜜慕斯，马上放入口径1厘米的裱花袋中，烤盘上排列好六边形的小模具，挤入材料到离上口8毫米的高度。

❷ 冷却凝固的香草风味的奶油从连圆模具中取出放入六边形的中心。不是完全埋入中间，而是和奶油差不多高度，放入冷冻室冷却凝固。

❸ 在步骤2的材料凝固的时候，可以做饼底的部分，准备意大利酥皮（参考第35页），枫糖风味的蒙娜丽莎饼干稍稍放凉后，剥去背后的纸，抠出六边形。

❹ 抠出来的六边形的枫糖风味的蒙娜丽莎饼干排列在烤盘上，放入150摄氏度的风炉中烤8分钟（平炉的话上下火都是180摄氏度烤制10分钟），直到像吐司面包的感觉就可以了。

❺ 然后将“吐司面包”浸入枫糖浆中数秒。

❻ 将步骤5的材料放到烤盘上，撒上肉桂粉。

❼ 把步骤2的材料从冷冻室取出，上下翻个面，放到看得到香草风味的奶油的面朝下的饼底上，脱去模型。

❽ 意大利酥皮放入口径7毫米的裱花袋中，在步骤7的完成面上挤一个圈。

❾ 然后用煤气罐将意大利酥皮烤一下，变成焦糖色。

❿ 焦糖沙司放入漏斗中，然后挤入意大利酥皮圈中。完成之后用粒状巧克力装饰完成。

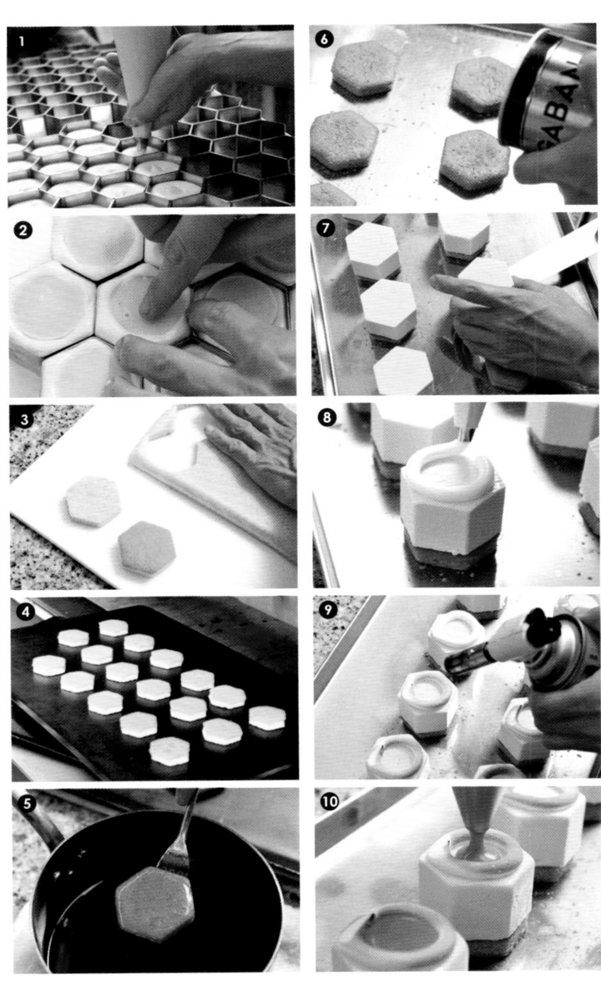

黑糖焦糖沙司

❶ 制作焦糖。锅中放入白砂糖，大火烧开。

❷ 和步骤1同时进行，另外一个锅放入淡奶油C和黑糖，放在中火上煮。并用木勺不断搅拌。等到边缘咕嘟咕嘟冒泡之后（温度大约在80摄氏度）关火取下来。

❸ 步骤1的白砂糖熔化变成透明的液体之后开小火。放到合适的锅中让其颜色变均匀。

❹ 全部变成浓焦糖色之后，把步骤2的材料分3～4次添加。每次加进去之后，用木勺混合均匀。（步骤2的温度下降之后，再次加热到80摄氏度左右，加入焦糖）

❺ 步骤4的锅底放入冰水中，用木勺轻轻搅拌，使之慢慢冷却到30摄氏度左右。

❻ 步骤5的材料中加入淡奶油D混合均匀。用刮胶搅拌均匀。用滤网过滤，在冷藏室中静置一晚。

组合成品

❶ 做完的香草慕斯，马上放入口径1厘米的裱花袋中，烤盘上排列好六边形的小模具，挤入材料至离上口8毫米的高度。

❷ 冷却凝固的抹茶风味的奶油从连圆模具中取出放入六边形的中心。不是完全埋入中间，而是和奶油差不多高度，放入冷冻室冷却凝固。

❸ 在步骤2凝固的时候，可以做饼底的部分，准备意大利酥皮（参考第35页），黑糖风味的蒙娜丽莎饼干，稍稍放凉后剥去背后的纸，抠出六边形。

❹ 抠出来的六边形的黑糖风味的蒙娜丽莎饼干排列在烤盘上，放入150摄氏度的风炉中烤8分钟（平炉的话上下火都是180摄氏度烤制10分钟），直到像吐司面包的感觉就可以了。

❺ 然后将“吐司面包”浸入黑糖糖浆中数秒。如果浸入时间太长会增加甜度，所以浸入时间不能长。

❻ 把步骤5的材料放入加了烤豆粉的容器中，全部沾上烤豆粉。

❼ 把步骤6的材料排列到烤盘上，步骤2的材料从冷冻室取出，上下翻个面，放到看得到抹茶风味的奶油的面朝下的饼底上，脱去模型。

❽ 意大利酥皮放入口径7毫米的裱花袋中，在步骤7的完成面上挤一个圈。

❾ 然后用煤气罐将意大利酥皮烤一下，变成焦糖色。

❿ 黑糖焦糖沙司放入漏斗中，然后挤入意大利酥皮圈中。完成之后用黑糖碎装饰。

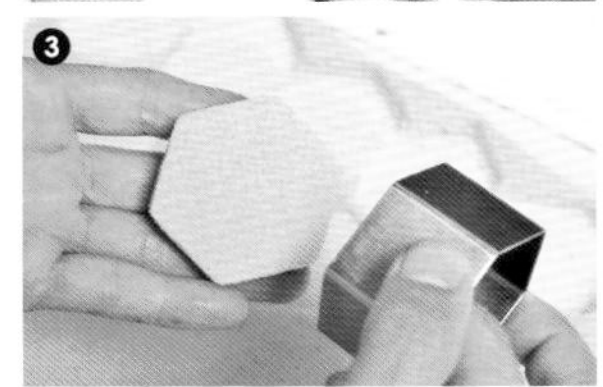

巧克力蛋糕

应顾客的要求而诞生的一款“所谓的巧克力蛋糕”。当然，本店注重原创的这款巧克力蛋糕的饼底和奶油都分别用了3种之多！6层全部围绕巧克力，但又以迥然相异的内容构成。由下到上，分别是融入了黑巧克力的萨凯尔饼干、融合了3种巧克力的巧克力糕点奶油、可可风味的巧克力热那亚蛋糕、巧克力薄纱奶油。上面的巧克力戚风蛋糕中加入了保湿性高的米粉，增加了绵密的口感。最后加上含有可可糊的独创的巧克力奶油一起组合而成。这是一款口感细腻，连小朋友也非常喜爱的名副其实的“巧克力蛋糕”。

材料（直径18厘米，4个的量）

萨凯尔饼干

法式酥皮

- 白砂糖……114克
- 蛋白……168克

黑巧克力（可可含量57%）……190克

淡奶油（脂肪含量35%）……77克

发酵黄油……38克

蛋黄……190克

低筋粉……70克

可可粉……20克

泡打粉……2克

巧克力热那亚蛋糕

全蛋……133克

蛋黄……12克

白砂糖……109克

干燥蛋白……3克

低筋粉……63克

可可粉……14克

融化的黄油……20克

巧克力戚风蛋糕

蛋黄……120克

白砂糖A……30克

水饴……20克

法式酥皮

- 蛋白……197克
- 白砂糖B……98克

牛奶……65克

米油……40克

低筋粉……92克

米粉……3.5克

可可粉……11克

巧克力糕点奶油

吉利丁片……8克

淡奶油（脂肪含量35%）……720克

黑巧克力A（可可含量75%）……60克

黑巧克力B（可可含量66%）……60克

牛奶巧克力（可可含量40%）……160克

巧克力薄纱奶油

意大利酥皮……制作以下的分量，使用80克

- 白砂糖……100克
- 水……30克
- 蛋白……50克

英式蛋奶酱……制作以下的分量，使用180克

- 牛奶……275克
- 淡奶油A（脂肪含量45%）……60克
- 白砂糖……30克
- 蛋黄（加糖20%）……112克
- 淡奶油B（脂肪含量45%）……180克

黑巧克力（法芙娜“P125 CŒUR DE GUANAJA”）……70克

淡奶油C（脂肪含量35%）……70克

发酵黄油……360克

巧克力奶油

下面是方便制作的5份的量

牛奶……212.5克

淡奶油D（脂肪含量35%）……168.7克

白砂糖……425克

可可糊……141克

可可粉……125克

雅文邑……12.5克

淡奶油E（脂肪含量42%）……140克

淡奶油F（脂肪含量35%）……280克

组合成品

黑巧克力（可可含量57%）……适量

制作方法

萨凯尔饼干

面团的制作方法参考第26页，添加泡打粉。倒入直径18厘米、高4厘米的模具中（一个模具大约倒入180克），放入上下火都是175摄氏度的平炉中。打开热风循环烤制15分钟，然后关闭热风循环烤制3分钟。调换烤盘的前后位置，再烤制2分钟。烤制完成后，模具和饼干接触的部分用刀划一圈，方便之后脱模。但现在不用脱模，就这样放着。

巧克力热那亚蛋糕

面团的制作方法参考第16页，添加干燥蛋白。在低筋粉中混入可可粉，就变成巧克力风味了。放入上火180摄氏度，下火170摄氏度的平炉中打开热风循环烤制约15分钟。然后观察其上色，烤制的总时间约为32～33分钟。

巧克力戚风蛋糕

❶ 搅拌机中加入蛋黄、白砂糖A，用打蛋器迅速搅拌均匀。为了可以充分吸收水饴，需要稍稍加热。把碗直接放到火上，用打蛋器搅打加温到30摄氏度左右。

❷ 步骤1的材料关火取下，装到搅拌机上。用保鲜膜裹住搅拌机的头和碗的上部。这样做的妙处是可以保温、防止水分蒸发。先是低速搅拌，全部变得顺滑之后调到高速。体积膨大到一定程度时，慢慢把速度降下来，整理好纹路。

❸ 制作法式酥皮（参考第34页），要打发出细密的气泡，蛋白要冷冻好使用。这里，一旦从冷冻状态解冻之后，使用还保持着长方形的部分。用搅拌机捞一下举起来，能出现尖峰状态，然后放入碗中。

❹ 步骤2的材料变白发泡膨胀之后，从搅拌机上取下来，移到碗中。按顺序加入牛奶和米油，并持续用打蛋器搅拌均匀。

❺ 低筋粉、米粉、可可粉混合过筛后加入，用打蛋器搅拌均匀。

❻ 碗中放入法式酥皮再加入步骤5的材料，转动碗，用刮胶搅拌混合均匀。

❼ 准备好两个烤盘，铺上烤纸，直径18厘米、高2厘米的模具各准备2个。把步骤6的材料平分到4个模具中。用抹刀抹均匀。

❽ 考虑到在烤制的过程中会膨胀，放上上下直径相同，高度4厘米的模具，为保证上下不会滑动，周围用高度3厘米的小模具固定。放入上火

190摄氏度，下火200摄氏度的平炉中，打开热风循环，烤制15分钟，烤盘的前后调换位置，再烤制3～4分钟。烤制完成后放入冷藏室内冷却。

❾ 剥去底下的烤纸，模具和蛋糕间用刀划一圈，脱模。

❿ 戚风蛋糕稍微放置一段时间之后中间部分会稍稍塌缩，根据最低点，切掉高出的部分。

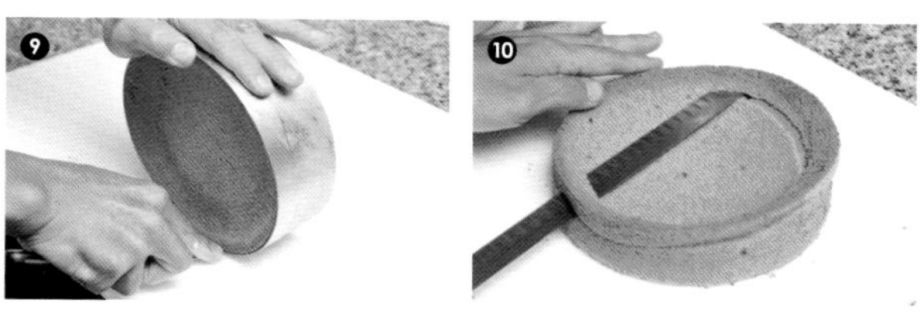

巧克力糕点奶油

❶ 吉利丁片水浴融化，打发至六分的淡奶油加入1/10的量，放到火上，混合均匀之后完全融合。

❷ 另取一个碗，放入3种巧克力水浴融化。加入到步骤1的材料中用打蛋器搅拌均匀。全部质地均一之后，温度达到50摄氏度左右，从水浴中取下来。

❸ 剩下的淡奶油分3次加入。第一次加入1/5的量，第2次比这个多一点，过程中一直用打蛋器搅拌乳化。加入剩下的淡奶油，转动碗，避免消泡，用刮胶搅拌均匀。

❹ 混合均匀之后，马上倒入萨凯尔饼干的上面，直到模具的高度。放入冷藏室冷藏，直到其他部分和步骤完成。

巧克力薄纱奶油

❶ 制作意大利酥皮（参考第35页）。

❷ 和步骤1同步进行，制作英式蛋奶酱甘纳许。英式蛋奶酱的制作方法参考第32页。甘纳许的制作，将黑巧克力弄碎放在碗中，淡奶油C加温后分3次加入，持续搅拌混合均匀。

❸ 甘纳许完全乳化后，加入英式蛋奶酱混合均匀。

❹ 发酵黄油放入搅拌碗中，放到火上，用打蛋器打发。放到搅拌机上，先用低速，然后慢慢加速，充分打发起泡。中途需要停下来几次用刮胶把内壁的材料全部刮到底部。搅拌完成后的状态是泛白的，充满空气，这时发酵黄油的温度是大约20摄氏度。

❺ 步骤3的材料和发酵黄油一起调整到大约20摄氏度后加入步骤4的材料中。中速搅拌，保持蓬松的状态。

❻ 步骤5的材料和步骤1的意大利酥皮在碗中融合，用刮胶搅拌均匀。

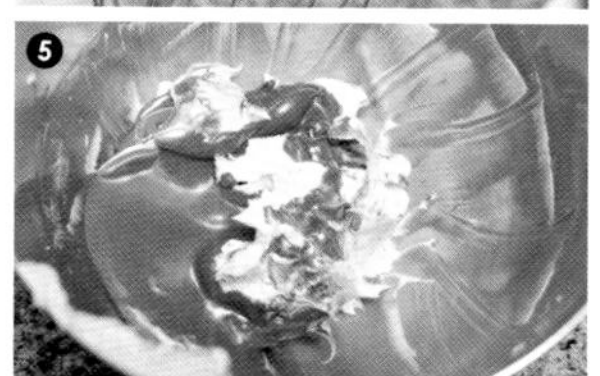

巧克力奶油

❶ 锅中放入牛奶、淡奶油D和白砂糖，放到火上，用木勺搅拌均匀。待白砂糖完全溶解，锅的边缘咕噜咕噜冒泡的时候关火取下。

❷ 在搅碎的可可糊和可可粉中分几次加入步骤1的材料，并一直用打蛋器搅拌均匀。最开始会有分离，慢慢乳化形成顺滑的状态。最后加入雅文邑混合均匀后放入冷藏室冷藏。

❸ 把步骤2的材料放入搅拌碗中，加入淡奶油E和淡奶油F，放到搅拌机中，打发至八分。放在冷藏室内备用。

组合成品

❶ 冷藏的萨凯尔饼干和巧克力糕点奶油从冷藏室内取出，嵌在模具中放到直径20厘米的台纸上。在巧克力糕点奶油的上面放上1厘米的巧克力热那亚蛋糕切片。

❷ 两个相同尺寸的模具重叠起来，为了防止滑动用胶带固定住。在口径1厘米的裱花袋中装入巧克力薄纱奶油，在巧克力热那亚蛋糕的上面从中心向外挤出旋涡状。

❸ 在巧克力薄纱奶油的上面放上巧克力戚风蛋糕。然后封上保鲜膜，放入冷藏室内冷藏30分钟。

❹ 步骤3的材料从冷藏室中取出，摘掉保鲜膜，脱模后放在裱花台上。

❺ 上面放足巧克力奶油，用抹刀抹平。侧面也均匀地涂上巧克力奶油。巧克力奶油是在使用前打发好的。

❻ 然后用黑巧克力装饰完成。

狂野

受到“Mont St. Clair”的主厨辻口博启的代表作之一“赛拉维”的美味启发，并参考其构成做出了这款形状特别的产品。5个层次分别是白巧克力慕斯、覆盆子风味的奶油、巧克力慕斯、开心果饼干、巧克力薄脆。白巧克力慕斯和覆盆子风味的奶油的中间是切碎的野草莓，覆盆子风味的奶油和巧克力慕斯的中间是覆盆子，口感和回味都富有韵味。

材料（37厘米×27厘米的模具2个的量）

开心果饼干

开心果粉……163克
开心果酱……106克
生杏仁酱……71克
全蛋……176克
蛋黄……128克
法式酥皮
- 蛋白……282克
- 白砂糖……176克

低筋粉……120克
发酵黄油……50克
转化糖……15克

巧克力薄脆

牛奶巧克力（可可含量40%）……225克
带皮杏仁酱……525克
麦脆片……400克
开心果碎……150克

覆盆子风味的奶油

覆盆子果肉……800克
蛋黄（加糖20%）……384克
全蛋……340克
白砂糖……80克
吉利丁片……12.8克
发酵黄油……360克
食用色素（红）……适量

白巧克力慕斯

英式蛋奶酱
- 牛奶……280克
- 白砂糖……30克
- 海藻糖……30克
- 蛋黄（加糖20%）……156克

吉利丁片……14.4克
白巧克力……314克
淡奶油（脂肪含量42%）……752克

巧克力慕斯

英式蛋奶酱
- 牛奶……370克
- 白砂糖……60克
- 海藻糖……60克
- 蛋黄（加糖20%）……144克

吉利丁片……6.6克
黑巧克力（可可含量64%）……540克
淡奶油（脂肪含量42%）……924克

组合成品

野草莓……500克
覆盆子……900克
寒天液*……适量

* 无色无味的寒天液原液，100克兑水20克，加入食用色素（红）制作而成。

制作方法

开心果饼干

❶ 搅拌机中加入开心果粉、开心果酱、生杏仁酱，轻轻混合均匀。

❷ 碗中加入全蛋和蛋黄用打蛋器搅拌均匀，分几次，每次一点点加入步骤1的材料。每加入一次搅拌数秒，侧面内壁沾上的材料要重新刮到一起搅拌均匀。长时间搅拌的话，开心果的风味会消散，这一点要十分注意。

❸ 搅拌碗中放入蛋白和白砂糖，制作纹理细腻的法式酥皮（参考第34页）。

❹ 把步骤2的材料移到碗中，加入步骤3材料的1/3，充分搅拌均匀。全体搅拌至顺滑后，加入剩下的法式酥皮的一半混合均匀。

❺ 加入过筛后的低筋粉和剩下的法式酥皮，充分搅拌均匀。

❻ 发酵黄油和转化糖混合后加入步骤5的材料中。

❼ 烤盘上放上模具，铺上烤纸，倒入步骤6的材料。

❽ 在上火175摄氏度、下火185摄氏度的平炉烤制25～27分钟。

巧克力薄脆

❶ 碗中加入牛奶巧克力，水浴融化，加入带皮杏仁酱。大约调整到40摄氏度。

❷ 步骤1的材料中加入麦脆片和开心果碎，充分搅拌均匀。

❸ 模具中放入OPP薄膜，放到烤箱上，中间放入步骤2的材料，用抹刀抹成L形。

覆盆子风味的奶油

❶ 在碗中放入覆盆子果肉，水浴加热。

❷ 进行步骤1操作的同时，在锅中放入蛋黄、全蛋和白砂糖，小火烧开。用木勺搅拌，避免过多混入空气，边搅拌边加热。

❸ 步骤2的材料大约达到60摄氏度的时候和步骤1的材料混合，水浴加热到80摄氏度（直到出现漂亮的光泽）。

❹ 步骤3的材料中加入用水（材料之外）泡开的吉利丁片溶解，碗底放入冰水中冷却。用过滤器过滤。过滤的时候温度达到40摄氏度就比较理想。

❺ 搅拌机中加入步骤4的材料和发酵黄油一起混合均匀。加入食用色素（红），然后再搅拌10分钟。

白巧克力慕斯

❶ 锅中加入牛奶、白砂糖、海藻糖中火烧开，沸腾之后和蛋黄混合，制作英式蛋奶酱。

❷ 步骤1的材料中加入用水（材料之外）泡开的吉利丁片，锅底放在流水中冷却到55摄氏度。用过滤器过滤。

❸ 水浴融化的白巧克力和步骤2的材料混合均匀并乳化。

❹ 在步骤3的材料中加入打发至七分的淡奶油，充分混合均匀。

巧克力慕斯

❶ 锅中放入牛奶、白砂糖和海藻糖，中火烧开之后和蛋黄混合均匀，做成英式蛋奶酱。

❷ 加入用水（材料之外）泡开的吉利丁片并溶解，锅底放在流水中冷却到55摄氏度以下，用过滤器过滤。

❸ 加入水浴融化的黑巧克力，搅拌乳化。

❹ 再加入打发至七分的淡奶油，充分搅拌混合均匀。

组合成品

❶ 准备两枚塑料卡片，分别放上铺了OPP塑料膜的模具。中间分别倒入760克的白巧克力慕斯。放入冷藏室内冷却凝固。

❷ 在白巧克力慕斯完全凝固之前，放入切成3～4等份的野草莓。用抹刀把它轻轻压入，使得表面平滑。

❸ 步骤2的材料上面分别放上900克覆盆子风味的奶油。

❹ 用手指将覆盆子分成两份，再排列到步骤3的材料上面，上面分别浇上950克的巧克力慕斯。

❺ 在步骤4的材料上面盖上开心果饼干。这时，饼干的正面朝上放置。

❻ 步骤4的材料中剩下的巧克力慕斯用抹刀抹到开心果饼干的正面。贴上巧克力薄脆，放入冷冻室冷冻。

❼ 步骤6的材料从冷冻室中取出，巧克力薄脆面朝下放在操作台上。用厨刀切成7.4厘米×2.7厘米的切块，表面用寒天液装饰，分成两块用覆盆子装饰。

巧克力覆盆子

使用巧克力的萨凯尔饼干（饼底）和用可可粉做的杏仁巧克力饼干，再用巧克力糕点奶油装饰。底部材料是覆盆子的蜜饯，上面的蛋糕用覆盆子风味的甘纳许薄薄地涂了一层。然后，上下两部分的蛋糕中都加入秘制红色浆果的糖浆和红酒醋。舌头上感觉到的覆盆子的酸和鼻子嗅到的红酒醋的酸味形成立体丰富的体验。最后再刷上巧克力釉来增加光泽。

材料（37厘米×27厘米的模具2个的量）

萨凯尔饼干

→参考第26页。

杏仁巧克力饼干

→材料参考第101页，制作方法参考第24页。170摄氏度的平炉中烤制约40分钟。切成1厘米的薄片，根据模型的大小把多余的部分切掉。

巧克力糕点奶油

吉利丁片……16克
淡奶油（脂肪含量35%）……1900克
黑巧克力（可可含量66%）……404克
牛奶巧克力（可可含量40%）……296克

覆盆子风味的甘纳许

淡奶油（脂肪含量35%）……112克
覆盆子果肉……165克
水饴……82克
牛奶巧克力（可可含量40%）……494克
黑巧克力（可可含量66%）……54克
覆盆子白兰地……24克

巧克力釉

淡奶油（脂肪含量35%）……600克
水……500克
白砂糖……900克
黑巧克力（可可含量64%）……200克
可可糊……120克
可可粉……326克
寒天液……700克
吉利丁片……74克

组合成品

糖浆……用以下材料组合
- 秘制红色浆果的糖浆*……440克
- 红酒醋……60克

覆盆子蜜饯……把以下材料放入锅中，煮到甜度达到75%左右。使用700克
- 覆盆子果酱……3000克
- 冷冻覆盆子……3000克
- 白砂糖……1500克

可可粉……适量
覆盆子……适量

* 秘制红色浆果的材料和制作方法参考第37页。

制作方法

巧克力糕点奶油

❶ 碗中加入用水（材料之外）泡开的吉利丁片，水浴融化。打发至六分的淡奶油加入其中的1/10，碗底小火加热，用打蛋器搅拌混合直至完全溶解。

❷ 在别的碗中放入两种巧克力，水浴融化。加入步骤1的材料，用打蛋器混合均匀。到50摄氏度的时候从水浴中取下来。

❸ 剩下的淡奶油分几次加入，持续搅拌乳化。剩下的淡奶油全部加入，防止消泡，用刮胶轻轻搅拌均匀。

覆盆子风味的甘纳许

❶ 锅中加入淡奶油、覆盆子果肉、水饴，放在火上烧开。

❷ 碗中放入两种巧克力水浴融化。把步骤1的材料分几次，每次一点点加入，一直搅拌乳化。

❸ 步骤2的材料中放入覆盆子白兰地，充分混合均匀。

巧克力釉

❶ 锅中放入淡奶油、水和白砂糖放到火上烧开。

❷ 碗中放入黑巧克力和可可糊，水浴融化，加入可可粉。把步骤1的材料分几次每次一点点加入，完全搅拌均匀之后用过滤器过滤。

❸ 步骤2的材料放入锅中，加热烧开。关火，加入寒天液和用水（材料之外）泡开的吉利丁片。充分搅拌混合均匀后用滤网过滤。

组合成品

❶ 模具中放入萨凯尔饼干，表面朝下嵌入。上面刷上糖浆，加上加温的覆盆子蜜饯。

❷ 在步骤1的材料上面倒入巧克力糕点奶油。两面放上刷过糖浆的杏仁巧克力饼干。

❸ 在杏仁巧克力饼干上铺上覆盆子风味的甘纳许。放到冷冻室中冷冻。

❹ 脱模，切成27厘米×7.4厘米的长条。巧克力釉加热到50摄氏度左右，淋到表面。切成2.7厘米宽，可可粉撒到最上面一层，覆盆子对切，每个上面装饰3颗。

甜蜜花园

安食主厨非常向往的东京尾山台的名店——“在过去的美好时光”（au bon vieux temps）有一款覆盆子的蛋糕“德丽斯覆盆子”令我印象深刻。德丽斯覆盆子是用杏仁做的，安食主厨用开心果风味的饼干取而代之，与覆盆子风味的薄纱奶油一起做成蛋糕夹层。饼底是巧克力薄脆，增加了脆脆的口感。鲜艳的粉色和开心果的绿色是我们店的主题色彩，所以用了店名“甜蜜花园”来命名这款蛋糕。

材料（37厘米×27厘米的模具2个的量）

开心果风味的饼干

开心果粉……450克
开心果酱……295克
生杏仁酱……196克
糖粉……140克
转化糖……200克
全蛋……780克
蛋黄……350克
法式酥皮
- 蛋白……480克
- 白砂糖……340克

低筋粉……196克

巧克力薄脆

牛奶巧克力（可可含量40%）……225克
带皮杏仁酱……525克
麦脆片……400克
开心果碎……150克

覆盆子风味的薄纱奶油

覆盆子果肉……576克
蛋黄（加糖20%）……115克
覆盆子冻干粉……25克
覆盆子浓缩果汁……73克
发酵黄油……1152克
意大利酥皮……制作以下分量，使用230克
- 白砂糖……150克
- 水……45克
- 蛋白……75克

组合成品

桑托波奶油*[1]……适量
覆盆子碎……300克
上色的杏仁碎*[2]……适量

*1. 桑托波奶油的材料和制作方法参考第111、113页。

*2. 在煮沸的开水中加入食用色素（红色，适量），然后加入杏仁碎，染成中意的颜色后捞出备用。

制作方法

开心果风味的饼干

1. 搅拌机中加入开心果粉、开心果酱、生杏仁酱、糖粉和转化糖轻轻混合均匀。
2. 碗中加入全蛋和蛋黄用打蛋器搅拌均匀，分几次，每次一点点加入步骤1的材料。每加入一次搅拌数秒，侧面内壁沾上的材料要重新刮到一起搅拌均匀。长时间搅拌的话，开心果的风味会消散，这一点要十分注意。
3. 搅拌碗中放入蛋白和白砂糖，制作纹理细腻的法式酥皮（参考第34页）。
4. 把步骤2的材料移到碗中，加入步骤3材料的1/3，充分搅拌均匀。全部搅拌至顺滑后，加入剩下的法式酥皮的一半混合均匀。
5. 加入过筛后的低筋粉和剩下的法式酥皮，充分搅拌均匀。
6. 烤盘上放上模具，铺上烤纸，倒入步骤5的材料。碰到火的地方会变软，用含水分的纸板（本店是用装鸡蛋用的缓冲材料）放到模具周围，上下火均170摄氏度的平炉烤制。
7. 打开热风循环，烤箱的门可以打开一点缝隙用来排热。30分钟后关掉上火。每10分钟观察下模具的状态，慢慢把下火关小。烤制总时间大概是1小时15分钟～1小时25分钟。

巧克力薄脆

1. 碗中加入牛奶巧克力，水浴融化，加入带皮杏仁酱。大约调整到40摄氏度。
2. 步骤1的材料中加入麦脆片和开心果碎，充分搅拌均匀。
3. 模具中放入OPP薄膜，放到烤箱上，中间放入步骤2的材料，用抹刀抹成L形。

覆盆子风味的薄纱奶油

1. 在碗中放入覆盆子果肉，水浴加热。然后在锅中放入蛋黄搅拌均匀。
2. 关火取下锅，锅底放在流水或者冰水中冷却。加入覆盆子冻干粉和覆盆子浓缩果汁，搅拌均匀。
3. 搅拌机中放入室温回软的发酵黄油，放到搅拌机上，中速搅拌。
4. 发酵黄油全部打发之后，步骤2的材料分3～4次加入。然后继续搅拌均匀。
5. 全部蓬松后移到碗中，加入意大利酥皮（参考第35页），用刮胶搅拌均匀。

组合成品

1. 开心果风味的饼干切成1厘米的薄片，上面的烤制痕迹就这样留着，取模具4个。
2. 巧克力薄脆的上面涂上一层薄薄的桑托波奶油，步骤1有烤制痕迹的开心果风味的饼干把烤过这一面朝下重叠。
3. 在步骤2的材料上面放上覆盆子风味的薄纱奶油260克，用抹刀抹匀。撒上覆盆子碎50克，再盖上一枚开心果风味的饼干。如此重复3次。
4. 上面涂上覆盆子风味的薄纱奶油，切成27厘米×7.4厘米的长方块。
5. 完成之后，上面撒上上色的杏仁碎。切成2.7厘米宽的小块。

香槟软木塞

上面是粉色的黑醋栗风味的意大利酥皮，中间是香气扑鼻的香槟慕斯，下面是白桃啫喱。香槟慕斯是蛋黄、白砂糖和香槟一起煮，关火之后再加上冷的香槟。底下的白桃啫喱，加入了香气浓郁的野草莓炖品和索纳尔泰贵腐酒。加了大量的酒的成年人的慕斯。两面涂满了糖浆的蒙娜丽莎饼干也提味不少。这里因为是包括野草莓在内的3种红色的果子加上自家制作的秘制红色浆果的糖浆，香味特别足。样子像极了香槟软木塞，十分引人注目。味道清爽、后调足，是适合夏季的小蛋糕。

材料（直径5.5厘米，高5厘米的模具20个的量）

蒙娜丽莎饼干

糖粉……48克
杏仁粉……96克
生杏仁酱……25克
全蛋……80克
蛋黄……50克
法式酥皮
- 白砂糖……90克
- 干燥蛋白……3.5克
- 蛋白……177克

低筋粉……70克
融化的黄油……30克

白桃啫喱

白桃果肉……212克
水……212克
柠檬汁……12克
贵腐酒……12克
白砂糖……24克
卡拉胶……4克
食用色素（红）……适量

香槟慕斯

蛋黄（加糖20%）……80克
白砂糖……40克
香槟A……80克
青柠汁……32克
海藻糖……64克
柠檬皮……0.5～1个
吉利丁片……4.5克
香槟B……80克
淡奶油（脂肪含量35%）……280克

黑醋栗风味的意大利酥皮

黑醋栗蓉……60克
白砂糖……204克
水……60克
蛋白……120克
食用色素（红）……适量
糖粉……适量

野草莓炖品

冷冻野草莓……60克
白砂糖……12克

组合成品

秘制红色浆果的糖浆*1……适量
鲜奶油*2……适量

*1. 秘制红色浆果的材料和制作方法参考第37页。
*2. 鲜奶油是脂肪含量42%和35%的淡奶油同比混合，加10%的白砂糖打发至八分。

断面

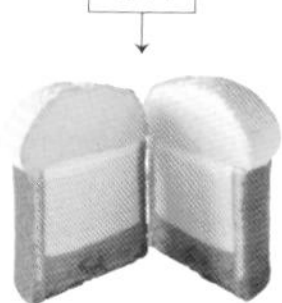

引人注目的粉色的意大利酥皮，形状独特的拱形的香槟慕斯。底下是白桃啫喱和野草莓炖品，味道层次非常分明

制作方法

蒙娜丽莎饼干

❶ 制作方法参考第22页。硅胶垫的上面放上材料，用压片机压成5毫米的薄饼。放在烤盘上，放入上下火都是230摄氏度的平炉中，打开热风循环，烤制4分钟。烤盘前后调换位置，再烤制2分钟，观察上色程度及时关火。

❷ 倒扣在晾网上，剥去硅胶垫。

白桃啫喱

❶ 白桃果肉、水、柠檬汁、贵腐酒放入锅中，加入白砂糖和卡拉胶混合均匀。卡拉胶较难融化到液体中，所以要事先和吸水性强的白砂糖混合。

❷ 加入少量食用色素（红），小火烧开，用打蛋器搅拌均匀并加热，加热到大约80摄氏度之后关火取下。

香槟慕斯

❶ 锅中加入蛋黄和白砂糖，用打蛋器搅打均匀。
❷ 另取一个锅，放入香槟A和青柠汁、海藻糖、削入柠檬皮。柠檬皮如果削了放置久了香气就会散失，使用之前再削。
❸ 步骤2的材料放到中火上，用打蛋器搅拌加热，煮开后，把步骤1的材料过滤到锅中。
❹ 步骤3的材料再次放到中火上，用打蛋器持续搅拌，使其受热均匀。在变得黏稠，温度达到80～82摄氏度之后关掉火取下来。
❺ 把锅放到操作台上，搅拌均匀，直到全部发白，呈奶油状。用水（材料之外）泡开吉利丁片至控干水分后放入，用打蛋器搅拌混合，混合完成后，温度在55摄氏度左右。
❻ 冷却香槟B，趁着泡沫还在马上倒入，用打蛋器混合均匀。
❼ 淡奶油放入碗中，底部放在冰水中，打发至七分。
❽ 步骤6的材料放到别的碗中，把步骤7的材料分成3次加入，持续转动碗，用刮胶兜底翻拌均匀。每次加入淡奶油的时候温度都会下降，慢慢就会凝固，所以要抓紧时间混合完成。

黑醋栗风味的意大利酥皮

❶ 锅中放入黑醋栗蓉、白砂糖和水，放在火上加热到115～118摄氏度。
❷ 搅拌机的碗中放入蛋白，放到搅拌机上，高速旋转，沿着碗的边缘，控制好速度和流量注入步骤1的材料。放进去之后，用保鲜膜把搅拌机头和碗的上部包裹起来。原因是，制作的量非常少，蒸汽散发的时候温度会下降，这样做可以防止表面变得干燥。
❸ 经过2分钟之后变到中速，再搅拌1.5～2分钟。这个时候，食用色素（红）用水（材料之外）化开，加入少量。
❹ 最后低速搅拌1.5～2分钟。然后速度慢慢降下来，纹理细腻有光泽，形成稳定的意大利酥皮。
❺ 口径1厘米的裱花袋中加入步骤4的材料，烤盘铺上硅胶垫，挤出直径6～7厘米的圆拱状（如图）。
❻ 表面筛上糖粉，放到220摄氏度的风炉中，打开热风循环，先烤制1分钟，烤盘前后调换位置，再烤制1分钟。
❼ 从炉子中间取出来，用煤气罐烤一下上色。

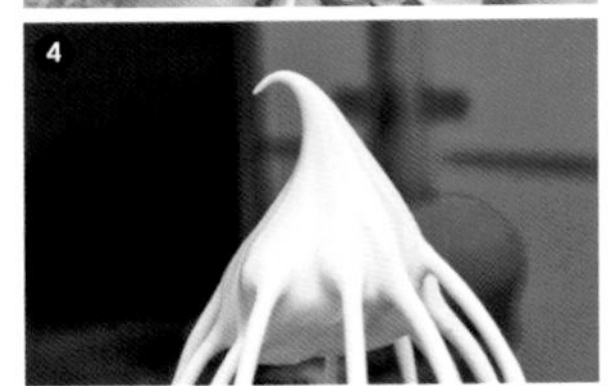

野草莓炖品

❶ 碗中放入冷冻野草莓，放入白砂糖腌渍一会儿，加入的白砂糖大概是果实的20%。

❷ 沥干水分后，放到锅中，放到中火上，等到锅的边缘咕噜咕噜冒泡的时候关火取下来，用过滤器将果肉和糖浆分离。

组合成品

❶ 蒙娜丽莎饼干烤过的一面朝下，放在板上，用刷子刷上满满的秘制红色浆果的糖浆。在我们店这个自家产的招牌秘制红色浆果（参考第37页）是常备的，这里使用的是它的糖浆（20摄氏度）。也可以用之前准备好的糖浆。甜度可以自由调节，温度在20～30摄氏度。

❷ 蛋糕的两端切去，因为用到的是侧面，所以我们切成宽5厘米，长16.2厘米的带状的20条。底部的饼干底用直径4.5厘米的模具抠出来。

❸ 在模具中依次放上侧面用的饼底和底面用的饼底，涂了糖浆的一面朝里放。

❹ 用勺子舀3～4颗野草莓炖品果子放在步骤3的材料底部的中心。

❺ 刚刚准备好的白桃啫喱，趁热用漏斗灌入模具的1/3的高度，放入冷冻室冷冻保存。卡拉胶因为在40摄氏度左右就开始凝固，所以在温度降低之前要完成所有操作。冷却凝固之前倒入香槟慕斯才会比较顺滑。

❻ 香槟慕斯准备好之后放入口径1厘米的裱花袋中，挤满从冷冻室中取出的步骤5中的模具，再次放入冷冻室冷冻。因手上的温度也会传递到慕斯，所以手也要用冰水冰一下再去挤裱花袋。开始冷却凝固的时候正好做黑醋栗风味的意大利酥皮，这样衔接就比较顺畅。

❼ 从冷冻室内取出步骤6中的脱模，放在一端弯弯的勺子或者是有孔的瓢上，差不多浸没到秘制红色浆果的糖浆中，注意不要沾到慕斯，饼干底则吸进满满的糖浆。

❽ 鲜奶油打发至八分，挤入步骤7的材料中心，用抹刀把表面抹平。这个慕斯，无糖或者加入少量白砂糖都可以。含有很多空气的慕斯，冷却凝固之后会回降3～4毫米，这个部分就用淡奶油来填上。

❾ 在步骤8的材料上面放上散去热量的黑醋栗风味的意大利酥皮，紧紧固定好。淡奶油还起到了黏合意大利酥皮的作用。

蜜桃茶

商品名称是“蜜桃茶”，而有趣的是制作过程中并没有用到蜜桃茶。其构成由下至上分别是香浓的红茶布丁、口感轻盈的红茶慕斯、加了蜜桃利口酒、柠檬汁和白桃果肉的清爽的白桃啫喱，最后是鲜奶油。桃子和红茶的个性精彩的各个部分，分开吃的话也很美味，全部混在一起放入口中的话会有强烈的桃子风味。红茶香气浓郁，选用了和乳制品比较调和的阿萨姆红茶。茶叶的量是液体的2%～3%。冰冰的、滑滑的口感是夏季消暑佳品，底下如果搭配布丁的话也是个好主意。加热后的红茶风味更加醇厚，口感浑然天成，红茶的感觉比想象中更胜一筹。

材料（140毫升的容器12个的量）

红茶布丁

牛奶……300克
红茶茶叶（阿萨姆）……12克
淡奶油（脂肪含量35%）……50克
全蛋……55克
蛋黄……17克
白砂糖……50克

上图是红茶布丁，下图是白桃啫喱的材料。红茶试了很多种，最后选了阿萨姆红茶。白桃果肉用的是“水果白桃”

红茶慕斯

红茶风味的英式蛋奶酱

- 牛奶……100克
- 红茶茶叶（阿萨姆）……8克
- 白砂糖……40克
- 蛋黄（加糖20%）……25克

吉利丁片……3克
淡奶油（脂肪含量35%）……200克

白桃啫喱

白桃桃肉……180克
水……300克
柠檬汁……8克
白砂糖……65克
卡拉胶……4.5克
果酸……3克
食用色素（红）……适量
蜜桃利口酒……12克

组合成品

蜜桃……2个
蜜桃利口酒……适量
柠檬汁……适量
鲜奶油*……适量
糖粉……适量

* 鲜奶油是用淡奶油（脂肪含量40%）加入10%的白砂糖，打发至七分制成的。

皇家奶茶布丁

蜜桃茶的构成部分之一是使用了阿萨姆茶叶的皇家奶茶布丁。如果单吃布丁也有充分融合的味道，所以会和蜜桃茶一起销售。

制作方法

红茶布丁

❶ 锅中放入牛奶和红茶茶叶（阿萨姆），放在火上煮。一烧开就把火关掉，盖上锅盖，煮3分钟，把红茶茶叶的味道沁入牛奶中。

❷ 步骤1的材料用过滤器过滤掉红茶茶叶。用木勺把茶叶压一下，把茶叶中的水分都挤出来。

❸ 称一下步骤2材料的重量，因为茶叶吸收掉的牛奶要再次补足到300克（材料之外）。再次放回到锅中，加入淡奶油，用刮胶搅拌，加热到80摄氏度。

❹ 牛奶放在火上煮的时候准备蛋液。全蛋和蛋黄放在碗中，先迅速打散，加入白砂糖，用打蛋器搅打均匀。使用的时候，白砂糖和蛋液要彻底混合均匀。

❺ 步骤3的材料加温到80摄氏度之后放入步骤4的材料中，轻轻搅拌均匀，用过滤器过滤。混合均匀之后的温度在56摄氏度左右。

❻ 把步骤5的材料放到漏斗中，倒至容器的1/4的高度，在85摄氏度的风炉中烤制35分钟完成。其间，每过7分钟就加入一次蒸汽。如果没有风炉的话，用热水浴来完成。

红茶慕斯

❶ 和红茶布丁一样，将红茶茶叶的香气转移到牛奶中，烧开之后关火。盖上锅盖焖煮3分钟，把茶叶的味道沁入牛奶中。用过滤器过滤掉茶叶。用木勺把茶叶压一下，把茶叶中的水分都挤出来。称一下材料的重量，因为茶叶吸收掉的牛奶要再次补足到100克（材料之外）。再次放回到锅中，加入白砂糖，用刮胶搅拌，加热到80摄氏度。

❷ 在碗中加入蛋黄、步骤1材料一半的量。用打蛋器搅打均匀之后放回锅中，制作红茶风味的英式蛋奶酱。

❸ 为了不使锅底煳掉，加热的时候用木勺慢慢搅拌均匀。慢慢变稠之后，达到80～82摄氏度左右关火。

❹ 吉利丁片用水（材料之外）泡开，控干水分之后加入步骤3的材料中。

❺ 锅底用冰水，降到45摄氏度左右。

❻ 用过滤器过滤。过滤后的温度是37～38摄氏度。

❼ 淡奶油打发至七分，分两次加入步骤6中，转动碗底，用刮胶兜底翻拌均匀。

❽ 倒入口径1厘米的裱花袋中，挤在红茶布丁上，挤的高度在剩下的容器的1/2处。马上放入冷藏室中冷藏起来。可能的话，裱花袋冷却好，手也在冰水中降下温再挤。

白桃啫喱

❶ 锅中放入白桃果肉、水和柠檬汁。

❷ 碗中加入白砂糖、卡拉胶和果酸，混合均匀之后加入步骤1的材料中。这个时候，始终用打蛋器在锅中搅拌，直到全部混合均匀，没有结块。

❸ 步骤2的材料放到中火上，用打蛋器搅拌大约加热到80摄氏度。中途加入用水（材料之外）溶化的食用色素（红），只要一点点就可以。

❹ 关火取下锅，加入蜜桃利口酒。

❺ 移入碗中，用保鲜膜把碗口蒙上，密封不要混入空气。

❻ 碗底放在冰水中，放在冷藏室中冷却凝固。

组合成品

❶ 蜜桃去皮去核，切成一口的大小。

❷ 步骤1的材料泡入蜜桃利口酒和柠檬汁。

❸ 从冷藏室中取出装有红茶布丁和红茶慕斯的容器。剩下高度的2/3左右倒入步骤2的材料。

❹ 步骤3的材料上面用勺子舀入白桃啫喱。

❺ 在步骤4的材料上，挤入打发至七分的鲜奶油，用抹刀将表面抹平。

❻ 最后撒上糖粉，完成。

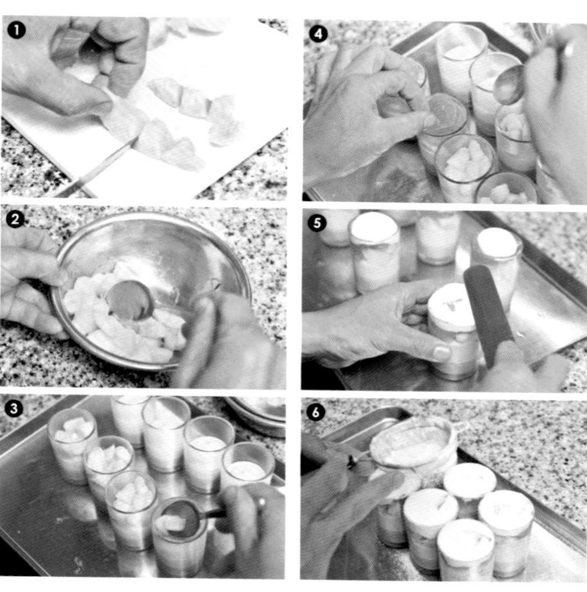

玫瑰香白桃酒和阿尔萨斯起泡酒

白桃风味的巴伐利亚奶油的上面是有着玫瑰水风味的桃子、法国阿尔萨斯地方的起泡酒“阿尔萨斯起泡酒”与卡拉胶重叠组合的豪华配置。淡奶油的下面隐藏的是野草莓，玻璃杯的底部隐藏的是野草莓炖品，给桃子纤细的口感增添了不少韵味。事实上这款产品是考虑使用大水果公司的冷冻果肉“白桃”，在开发取材的时候酝酿出来的一款产品。结合果肉淡淡的粉色来进行创作的。

材料（140毫升的容器60个的量）

白桃风味的巴伐利亚奶油

白桃果肉……………………………470克
白砂糖………………………………200克
蛋黄（加糖20%）………………175克
吉利丁片……………………………9.4克
食用色素（红）…………………适量
淡奶油A（脂肪含量35%）
……………………………………470克
淡奶油B（脂肪含量45%）
……………………………………470克
蜜桃利口酒…………………………47克

阿尔萨斯起泡酒啫喱

白桃果肉……………………………480克
水……………………………………960克
柠檬汁………………………………56克
白砂糖………………………………480克
卡拉胶………………………………15克
果酸…………………………………18克
阿尔萨斯起泡酒…………………480克
食用色素（红）…………………适量

组合成品

野草莓炖品*[1]
- 冷冻野草莓…………………222克
- 白砂糖…………………………42克

桃子…………………………大概8个
桃子果肉……………………………适量
玫瑰水………………………………适量
柠檬汁………………………………适量
野草莓………………………………120颗
鲜奶油*[2]…………………………适量
糖粉…………………………………适量

*1. 冷冻野草莓放入碗中，盖上白砂糖，直接解冻。脱水之后移到锅中，放在中火上。待到锅的边缘咕噜咕噜起泡后关火取下来，用过滤器将糖浆和果肉分离。（参考第167页）

*2. 鲜奶油是用脂肪含量40%的淡奶油加上10%的白砂糖，打发至七分制成的。

制作方法

白桃风味的巴伐利亚奶油

❶ 锅中放入白桃果肉打成的果泥和白砂糖，和煮开的蛋黄一起搅拌均匀。
❷ 烧开之后加入用水（材料之外）泡开的吉利丁片，锅底放在流水或者冰水中冷却。用过滤器过滤后放入碗中。
❸ 步骤2的材料中加入用水（材料之外）溶解的食用色素（红），达到24摄氏度时，与打发到七分的淡奶油A和淡奶油B一起混合均匀。
❹ 加入蜜桃利口酒搅拌均匀。

阿尔萨斯起泡酒啫喱

❶ 锅中放入白桃果肉、水、柠檬汁。碗中放入白砂糖、卡拉胶和果酸。混合均匀之后加入锅中。
❷ 步骤1的材料放到中火上，用打蛋器搅拌均匀后加热。大约达到80摄氏度之后关火取下来，阿尔萨斯起泡酒和用水（材料之外）溶解的食用色素（红）一起加入。移到碗中，表面用保鲜膜蒙好，散去热量之后放到冷藏室中冷却凝固。

组合成品

❶ 野草莓炖品两颗，放在容器底部的对角线上，紧贴容器的侧面放置，以确保从外面就可以看到。
❷ 白桃风味的巴伐利亚奶油放到裱花袋中，挤到容器的三四分位置，放入冷藏室内冷藏。
❸ 桃子切成1厘米的角，加入桃子果肉、玫瑰水和柠檬汁。
❹ 把步骤2的材料从冷藏室内取出，加入步骤3的材料至容器的七八分位置。
❺ 阿尔萨斯起泡酒啫喱约1.5厘米的角（保留一定的口感），装满容器。
❻ 啫喱的上面放上球状的野草莓两颗，放置成对角线。靠近容器的侧面放置，从外面可以看到。
❼ 在步骤6的材料上放置打发至七分的鲜奶油，用抹刀抹平。撒上糖粉完成。

阿里巴巴莫吉托

考虑做一款“夏季提供的爽口的甜品”所以做的这款。萨瓦伦松饼和薄荷啫喱的绝妙组合。给人的印象是用朗姆酒和青柠、碳酸水、薄荷叶做成的鸡尾酒“莫吉托”。用朗姆酒和梅酒搭配巴巴面糊，夹上糕点奶油做成夹层，夹上威廉姆斯洋梨煮成的洋梨炖品，再夹上薄荷啫喱。薄荷啫喱的话，备用的薄荷在研磨器中捣碎，加入碳酸水和青柠汁用凝胶固化。对希望控制甜度的男性来说是人气佳品。

材料（做成后的量各个部分有记载）

巴巴面糊

（140毫升的容器72个的量）

全蛋……389克

白砂糖……45克

盐……10克

中筋粉……500克

水……62克

酵母……11克

发酵黄油……125克

薄荷啫喱

（140毫升的容器30个的量）

薄荷……7克

青柠汁……70克

白砂糖……70克

卡拉胶……4克

果酸……1克

碳酸水……330克

洋梨炖品

（以下是制作方便的量）

洋梨糖浆……4罐洋梨罐头的量（一罐850克）

白砂糖……150克

香草豆荚……2根

青柠汁……40克

威廉姆斯洋梨……炖品的糖浆2%的量

组合成品

糖浆……以下是制作方便的量

- 水……500克
- 白砂糖……250克

朗姆酒……适量

梅酒……适量

糕点奶油*……适量

薄荷……适量

* 糕点奶油的材料和制作方法参考第30页。

制作方法

巴巴面糊

❶ 搅拌碗中放入全蛋、白砂糖和盐，用搅拌机搅拌均匀。

❷ 步骤1的材料中加入中筋粉，上面加入用水溶解的酵母，装到搅拌机上。因为盐会阻碍益生菌的活动，在加入这些材料的时候尽量避免把盐和益生菌直接放在一起。用叉子迅速搅拌均匀。

❸ 发酵黄油用擀面杖打软，放到步骤2的材料中，材料放在碗中用搅拌机搅拌均匀。

❹ 把材料挤入直径4厘米、深2厘米的凹陷的连圆模具中，在上下火均180摄氏度的平炉中烤制20分钟。然后放到180摄氏度的风炉中烤制10分钟。

薄荷啫喱

❶ 薄荷叶撕碎放入研磨钵中，用捣棒捣碎，加入青柠汁。

❷ 白砂糖、卡拉胶和果酸混合之后加入步骤1的材料中，然后加入碳酸水混合均匀。

❸ 步骤2的材料放入锅中，中火加热到80摄氏度。

❹ 80摄氏度之后关火，从火上取下来。表面蒙上保鲜膜，待到热量散去之后，放入冷藏室中冷却。

洋梨炖品

❶ 打开洋梨罐头，把洋梨果肉和洋梨糖浆分开。锅中放入洋梨糖浆和白砂糖、香草豆荚、青柠汁。中火加热。

❷ 煮沸后加入步骤1的洋梨果肉。再度开火煮沸。

❸ 关火取下来，锅口用保鲜膜盖上，室温放置一晚。

❹ 第2天，从锅中取出洋梨果肉，剩下的液体过滤，总重量2%的量加入威廉姆斯洋梨混合均匀。

❺ 步骤4的洋梨切成1厘米的角，浸入步骤4中。

组合成品

❶ 锅中放入水和白砂糖制作糖浆，煮沸之后关火，放入巴巴面糊，盖上锅盖浸5～8分钟。取出来之后放到晾网上凉凉。

❷ 步骤1的巴巴面糊横着切成2等份。断面用刷子刷上朗姆酒和梅酒。

❸ 容器中加入一半巴巴面糊，挤上糕点奶油，然后再覆盖上巴巴面糊。

❹ 加入1厘米的洋梨炖品，上面挤上糕点奶油，加上约1.5厘米的薄荷啫喱，再用薄荷叶装饰。

厨师的训练营

挑战赛
——自我表现的个人认知

从专业学校毕业后，我作为助理最先工作的店是“利之帆”。工作从早上6点开始，基本上晚上8点左右结束。因为住在宿舍，所以早上起床之后到晚上睡觉，一直是和职场的师兄弟们一起生活。有师兄辻口博启（“Mont St. Clair”的主厨），还有师弟神田广达（“L'AUTOMNE”的主厨），我们经常3个人一起工作一起玩。工作很辛苦，几乎没有自由的时间，最初的3年是很艰辛的，但是，和辻口先生和神田先生一起工作的时光，是我这辈子极其珍贵的财富。

在利之帆的时候，一起工作的厨师参加了比赛，我注意到了之后也梦想着能参加比赛。19岁时第一次上班，因为幸运地获奖，所以在20多岁的时候开始参加比赛。在比赛中，无论胜负如何，都受益匪浅。如果没有参加比赛的话，我就不会去学习，也就不会积累很多经验。很多局面都要一个人去应对，所以在精神上也是一种锻炼，比赛获奖之后，信心也更加足了。也可以了解到自己不足的点在哪里。

对于年轻的厨师来说，比赛是唯一能够自我表现的舞台。在平时的工作中，多数由厨师设计的蛋糕都是由其他工作人员分工来完成的。但是，在比赛中，从设计到完成都由一个人负责。谁都不可以指手画脚，所以参加比赛是一个能自由地表达自己想法的珍贵机会。我在第一次参赛中深切地感受到了表现的困难，从那时起开始恶补学习了色彩感觉和造型结构。我在28岁备战“曼达林拿破仑国际大赛”期间，一遇到味觉表现的拦路虎，就会反复纠正错误，坚持不懈地试

正在积极参加比赛的研修时代。1996年我在比利时召开的“曼达林拿破仑国际大赛”中作为日本人首次获得了冠军的荣誉

验。在正式考试中也有事故发生，于是便设定修正时间反复练习，结果代表日本获得了首个冠军。那时遇到的烦恼和痛苦，以及不断挑战的经历，成就了现在从容不迫的我。当然，这样积极进取取得的成绩，也收获了广泛好评，获得了很多机会。

应该在法国进修
——谈谈我的经验和见解

我在“利之帆”工作了5年多，后来又在神奈川小叶山的“鴫立亭”工作了两年多。在横滨的皇家花园酒店工作了4年。当时不是没有动过到法国工作的念头，但是一直以来工作的店都没有那样的机会，去法国进修是另一个世界的话

题，似乎都不太现实。但是，当我从酒店辞职到另一家店工作之前，我想去法国看看，去职业学校学习，在法式蛋糕店学习积累经验。也不是长期的，是不用签证的最长期限大约3个月的那种。那是29岁时候的事情了。

我进修的店是位于法国东南部，阿尔卑斯山山脚下的无边洞的蛋糕店。店主虽说是“玻璃杯”（冰糕）的M.O.F.保持者，但却是厨房只有3名员工的小店铺。我之前积累了不少经验，所以工作内容不会让我不堪重负，但令我吃惊的是他们每个人都会同时做几样工作，并以惊人的速度来完成。不管三七二十一，统统装进烤箱里。烤制时不打计时器，奶油和糖浆的火候全部都用目视判断。虽然工作比较杂乱无章，但是做出来的点心却是不可思议的个个都有滋有味。

尤其令人印象深刻的理念是：即使失败了也不要放弃。这里收集了多余的糖果和失败的糖果，装在罐子里好好保存着。然后把它作为焦糖利用起来，装饰在婚礼的焦糖奶油松饼上等。如果我弄错了奶油面团的搭配，老板会一边试用错误的配方，一边花费精力和时间恢复原来的材料。让这些材料一点也不浪费就是他们的态度，对我来说真的是非常大的冲击。用面粉、糖等材料做成商品来销售，这就是所谓蛋糕店的工作信条，真切地感受这些是很大的收获。

是否去法国也取决于个人的价值观和经济状况，因此也能以此来作为评判一个匠人的标准。就我个人的情况，并不是很长时间的进修，反而可以抛开法式点心的固定模式，形成自己的世界观。但是，在法国的乡下，能看到非常普通的糕点铺的样子，我觉得是很宝贵的经验。

成为厨师的准备
——至今为止副厨师长的职业生涯

在法国进修的3个月，我作为“Mont St. Clair”的副厨师长，从1998年开始在同一家店一直工作了3年左右。以前在横滨皇家花园酒店，我是制作总监，正是在那个时候我在工作上形成了自己独特的理念。而这个理念初步的实践正是在“Mont St. Clair”担任副厨师长的时候。

副厨师长的工作是把主厨要求的蛋糕和产量准确地整理出来。因此，管理好厨房员工，组织好生产，安排好人和产品是副厨师长的主要工作内容。厨房的产能和团队的条件必须综合把握。双方互相的支持和理解非常重要。

“Mont St. Clair”刚开不久就成了媒体争相报道的人气店。客源增加了，相应的产量也不断增加，快速融合形成了一支队伍，劳动时间也可以大大缩短。除了圣诞节的时候，其他时间都是到下午6点半就打烊了。所以说，作为副厨师长体验过一回开店，也是无法替代的一笔财富。

店内挂着安食主厨在进修时期的照片。上面是“曼达林拿破仑国际大赛”的纪念照。下面一张是“Mont St. Clair”的副厨师长时代，与辻口博启主厨等同事们一起

样品展示柜

甜品专用

产品展示柜

3层的展示柜中大约有15种样式。小蛋糕的产品，周末一天可以卖50个。最受欢迎的是“小熊”、“小兔子”和“小鸡”等动物形象的蛋糕。小蛋糕的人气项目也会配合特别的日子做华丽的装饰。

第 ④ 章

安食雄二的零食小吃

作为礼物的深度烘焙的甜品，当作伴手礼的蛋糕，洋溢着童心的小点心都非常受欢迎。曲奇、布丁、蛋糕卷等，随口就食的小点心，安食主厨也给它们都美颜了呢！

玛德琳

玛德琳是起源于法国洛林地区的科梅尔西镇的一款乡村小点心。它是现在几乎所有的蛋糕店都可以看见的基本款点心，但是配方却是五花八门。安食主厨为了发挥出鸡蛋和发酵黄油的最佳风味，连蜂蜜都是选用了没有味道的黄芪蜂蜜。面粉是用高筋粉和低筋粉混合，制造出有弹性的口感。

材料（70个的量）

全蛋 541克
白砂糖..............374克
低筋粉..............254克
高筋粉..............254克
泡打粉............11.5克
盐 1克
发酵黄油 509克
蜂蜜 180克

制作方法

1

碗中加入全蛋，用打蛋器打散，加入白砂糖混合均匀。碗底放在火上，温度保持在30摄氏度左右，用打蛋器持续搅拌把鸡蛋混合均匀。

2

步骤1的材料中加入低筋粉、高筋粉、泡打粉和盐，用打蛋器混合均匀。所有粉事先混合均匀筛入。

3

锅中放入发酵黄油和蜂蜜，放在火上融合。加热到45摄氏度的时候，加入步骤2的材料中。

4

将打蛋器在碗中央立起搅拌，混合均匀，从中心开始乳化。完全乳化后换成刮胶，转动碗底，边转边翻拌均匀。

5

在裱花袋中放入步骤4的材料，放入150摄氏度的风炉中，打开热风循环，烤制10分钟之后，关掉热风循环，继续烤制1～2分钟。然后调换烤盘的前后位置，继续烤制1～2分钟。

6

烤制的总时长为12～14分钟。从烤箱中取出来，脱模，放在盘子上，冷却。

香草玛德琳

马达加斯加产的香草味道在口中弥漫开来，这就是香草玛德琳。和平面的蛋糕一样，基础是加入蜂蜜的饼底。蜂蜜是和融化的黄油混合之后加入的。

黄油榛子磅蛋糕

冠之以“金融家、金主”的金块形状的磅蛋糕，是加足了发酵黄油、杏仁粉和蜂蜜的土豪蛋糕，安食主厨准备了3款。“榛子黄油”的焦香的黄油风味是其特色。要点就是发酵黄油焦化的程度。加入蜂蜜可以使颜色更深，显出它独特的个性。

材料（70个的量）

发酵黄油..........906克
蜂蜜....................57克
蛋白...............1020克
牛奶....................74克
杏仁粉.............409克
低筋粉..............362克
糖粉.................810克
盐.......................4.2克

制作方法

1

锅中放入发酵黄油和蜂蜜，放到火上焦化黄油（榛子黄油）。融化的黄油加热到超过蜂蜜的颜色，接近黑色。安食主厨还准备了用融化黄油制作的磅蛋糕，强调了榛子黄油必须完全焦化。

2

榛子黄油调到自己喜欢的颜色之后关火取下来，锅底放在冷水中冲洗冷却，放在铺了厨房纸巾的过滤器上过滤。

3

将蛋白放到碗中，加入牛奶，用打蛋器搅拌打发起泡。根据黄油加热的程度，黄油大约失去了15%的水分，我们用牛奶来调节水分。

4

加入杏仁粉、低筋粉、糖粉和盐，搅拌均匀直至粉末完全消失。粉类都要事先混合过筛。

5

把步骤2的材料全部倒入步骤4的材料中。用打蛋器从碗的中心开始搅拌乳化。乳化完成之后换成刮胶，转动碗底，翻拌均匀。

6

步骤5的材料装入裱花袋中，挤入模具中。放入164摄氏度的风炉中，打开热风循环，烤制14分钟。然后关掉热风循环，继续烤制2～3分钟。然后烤盘前后调换位置，继续烤制2～3分钟完成。

磅蛋糕（左）
枫糖磅蛋糕（右）

发酵黄油和杏仁粉的风味浓郁的平面磅蛋糕，加入枫糖、砂糖减半，以核桃为特色的“枫糖磅蛋糕”。两款都是油光发亮，非常有质感。

阿尔萨斯广场

小点心会以经典款为中心上线。阿尔萨斯广场是在烤好的两片油酥点心的中间加上酸酸甜甜的覆盆子果酱，上面涂上杏仁牛轧糖，在日本这是人气很高的一款甜品。牛轧糖的甜和果酱的酸是绝妙组合，脆脆的饼底和弹牙的杏仁片吃起来口感也很棒。

材料（65个的量）

杏仁牛轧糖

- 发酵黄油......182克
- 淡奶油（脂肪含量35%）..........110克
- 白砂糖..........176克
- 水饴................44克
- 蜂蜜................22克
- 杏仁片..........200克

油酥点心*..

60厘米×40厘米的，厚2毫米的杏仁片2枚

覆盆子果酱..

以下的材料放入锅中，煮到甜度达到75%。使用350克

- 覆盆子果酱........................1500克
- 冷冻覆盆子........................1500克
- 白砂糖...............................750克

* 油酥点心的材料和制作方法参考第28页。

制作方法

1

制作杏仁牛轧糖。锅中放入发酵黄油、淡奶油、白砂糖、水饴、蜂蜜，用中火烧开，煮到110摄氏度。

2

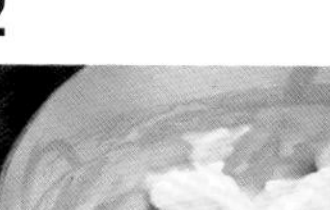

加入杏仁片，用刮胶搅拌均匀。

3

油酥点心摊薄到2毫米，切成60厘米×40厘米的尺寸，两枚一组准备好，表面呈凹凸状，放入180摄氏度的风炉中烤制30分钟。烤制好的饼底的一面涂上满满的步骤2的材料。

4

步骤3的材料放入160摄氏度的风炉中，打开热风循环，烤制25分钟。中途调换烤盘的前后位置，全部上色完成之后从炉子中取出来。

5

步骤4的材料用波浪锯齿形的刀切成4.5厘米的小块。

6

锅中放入覆盆子果酱，放在火上烧，加入冷冻覆盆子和白砂糖慢慢煮。

7

再取一片油酥点心，在步骤6的材料上面涂上满满的覆盆子果酱。

8

将切成4.5厘米小块的步骤5的材料涂上杏仁牛轧糖的一面朝下放在厨板上，在上面放上步骤7的材料，将涂了覆盆子果酱的那一面朝下，重合在一起。

9

步骤8的材料盖上厨板翻转，涂上杏仁牛轧糖的一面朝上，沿着原来的切割线切开下面的一层。

烤制点心

外表酥脆，中间是蓬松的达克瓦兹材料做成的夹心点心。中间加入法式酥皮，为了控制甜度，又保证稳定完成，白砂糖要加入后冷冻再解冻，保证平衡状态的蛋白。

榛子达克瓦兹

19世纪开始诞生的以杏仁为主角的烤制点心。在我们店是用生杏仁糊和杏仁粉混合，突出杏仁的味道。然后加入刨好的橙子皮。传统的点心中加入了创新。

杏仁热那亚蛋糕

质地丰满，柠檬风味的磅蛋糕。基础是黄油、鸡蛋、小麦粉、白砂糖同比混合，加入削好的柠檬皮，做成基础的周末蛋糕。不加水，只用柠檬汁和糖粉做成酸酸甜甜富有韵律的味道。

周末柠檬

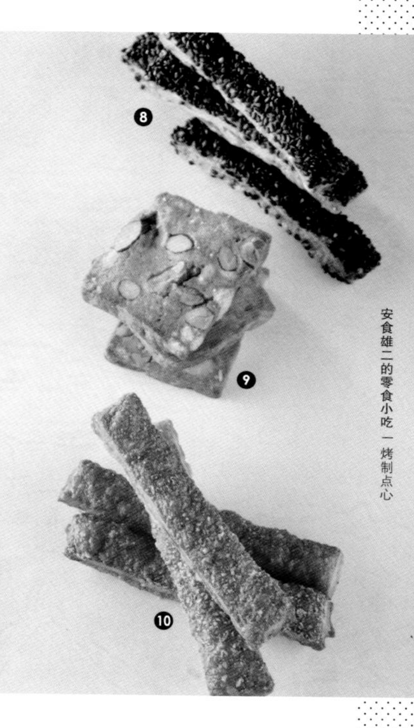

撒上白砂糖的钻石饼干。1是带皮的牛奶，2是椰丝，3是加了整颗的白芝麻，这几样都会出现油脂，我们用的是自己准备的酱。还有，1加了核桃仁，3加了白芝麻。

冰盒制法的曲奇，4是香草风味的饼底加上带皮的核桃。5是可可黄油加上巧克力碎放入饼底中，再加上杏仁。6是曲奇饼底中加入烤过的榛子。7是用了竹粉，非常酥松的口感。

与红酒也可以搭配的脆棒。8是油酥点心加了芝麻做成棒棒状。9是核桃碎和杏仁粉加上奶酪做成的酥饼。10是油酥点心加上店内切好的伊顿干酪和盖朗德的盐，以及研磨好的白胡椒粉。

❶ 坚果钻石饼干
❷ 椰子钻石饼干
❸ 芝麻钻石饼干

❹ 香草曲奇
❺ 巧克力肉桂曲奇
❻ 榛子曲奇
❼ 脆米饼

❽ 黑芝麻条
❾ 盐酥饼
❿ 奶酪条

蛋糕

竹子蛋糕

抹茶加开心果制成的磅蛋糕，和新鲜的草莓组合而成。本来是想用抹茶做一款蛋糕，试做的时候想到了加入同色系的开心果，不仅是色彩上，味道上也是相得益彰，就一直沿用至今。

蜜桃茶蛋糕

从市售的小瓶装的蜜桃茶，安食主厨想到"用甜品来表现蜜桃和红茶的优点"。细碎的阿萨姆红茶末加入点心中，再加入新鲜的桃子。在本店"茶叶加新鲜水果的蛋糕"中占据榜首。

莫吉托蛋糕

用莫吉托鸡尾酒为原型创作的这款蛋糕，薄荷叶在使用之前用研磨钵捣碎，加入青柠汁后放入面团中，然后再加入洋梨。表面涂上朗姆酒风味的糖浆，对于喜欢刺激味道的食客非常推荐呢！

"竹子"是绿色的，"蜜桃茶"是茶色的，因为把糊状或者粉末状的元素都放在材料中，所以蛋糕的横截面效果也是多姿多彩

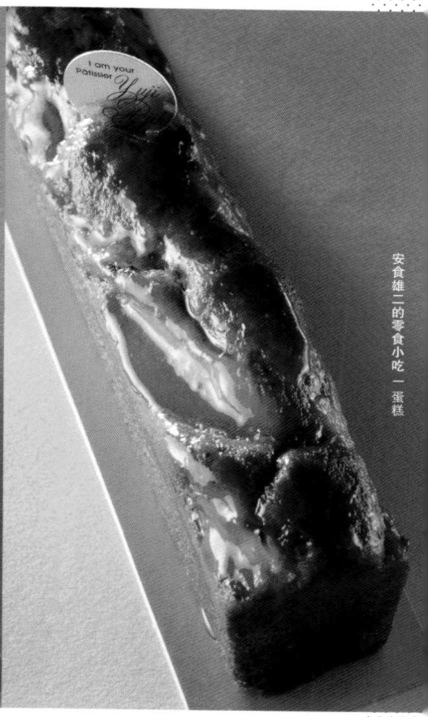

椰子香蕉蛋糕

秘方就是自家制作的椰子酱。安食主厨说："椰丝需要花很长的时间来研磨，来强调出它原来乳白色的风味和甜味。"加入这款椰子酱做成蛋糕，再加入香蕉，然后撒上满满的椰丝。

坚果和黑醋栗无花果蛋糕

这款是新鲜的无花果供应期间限定的商品。阿萨姆红茶粉加上黑醋栗蓉，一起做成蛋糕。放在模具中，上面放上黑色无花果烤制而成。然后刷上黑醋栗炖品的糖浆，其特色就是黑醋栗的果实。

芙蓉蛋糕

被称作"太阳"的品种出现在夏天里。使用新鲜的李子做成的蛋糕。蛋糕里面加上了香草茶用的香草粉，上面排列好切好的李子。刷上无色无味的寒天液来使得表面富有光泽。

小熊的枕头

我们把烘烤奶酪和水果派组合（参考第52页）的奶酪奶油蛋糕，做成小小的蛋奶酥奶酪蛋糕。完全用风炉烤制，表面干燥，最后用煤气罐来烤制上色，这是下了功夫做出来的质朴的口感。商品名字是“小熊的枕头”，是因为它的样子就像一个枕头。名字（用日语）顺着念还是倒着念都是一样的，连名字都非常可爱的一款产品。

安食卷

这款人气产品推出之后一直受到粉丝的强烈支持。它的空气感十足，用风炉烤制的蓬松柔软的质地，细腻的戚风蛋糕坯是它好吃的秘诀。使用了“那须御养的鸡蛋”和蜂蜜，浓郁又香甜的口感非常有魅力。脂肪含量40%的鲜奶油和糕点奶油一起卷入，非常简单的组合。蛋糕烤制的一面放在表面卷起来也是关键的一点。

❶ 精品布丁 ❷ 新泽西布丁 ❸ 经典布丁

布丁

布丁根据个人喜好不同而准备了3款。

❶ 此款是将牛奶分量的一部分替换成淡奶油和浓缩牛奶，多加一点香草籽，使用蛋黄的丰富配方。特征是有非常顺滑的口感。

❷ 此款使用牛奶（新泽西品种），淡奶油（新泽西品种）奶香更浓郁。

❸ 此款是比较厚实的布丁。使用牛奶（低温杀菌），控制香草籽的用量，多加蛋黄，强调蛋奶的香气和风味。

材料（各100毫升的容器20个的量）

精品布丁

牛奶 750克
浓缩牛奶（脂肪含量8.8%）
....300克
淡奶油（脂肪含量38%）.......450克
白砂糖..................................165克
香草籽...................................1.5根
蛋黄 240克
焦糖片 20个

新泽西布丁

牛奶（新泽西品种）.............900克
淡奶油（新泽西品种，脂肪含量40%）
....600克
白砂糖..................................180克
全蛋 210克
蛋黄 90克
焦糖片 20个

经典布丁

牛奶（低温杀菌）...............1500克
纯糖 174克
香草籽...................................0.5根
全蛋 105克
蛋黄 255克
干燥蛋白 4.5克
焦糖片 20个

制作方法

1 3种布丁虽然材料和配方不太一样，但制作方法几乎是一样的。锅中放入牛奶或浓缩牛奶、淡奶油、香草籽，加入白砂糖（纯糖）的1/3，加热到80摄氏度。香草豆荚剖开，用刀刮出香草籽，事先在牛奶中浸泡6个小时。

2 碗中放入全蛋、蛋黄和剩下的白砂糖，经典款会加入干燥蛋白，用打蛋器搅拌均匀。

3 步骤1的材料煮沸后取出香草籽，和步骤2的材料混合均匀。用滤网过滤，加入焦糖片，倒入容器中。

4 放入温度为85摄氏度的风炉中，每过7分钟加入一次蒸汽，烤制38分钟。

加莱特国王庆典蛋糕

每年1月6日基督教的主显节中食用的庆典蛋糕。它的名字是“加莱特国王”，中间会藏一颗陶瓷做的“宝贝”蚕豆。切开分着吃的时候，谁吃到了就是当天的国王，受到大家的祝福。在安食主厨这里，此款蛋糕在每年的1月中旬提供。这是油酥点心的饼底加上杏仁奶油的传统做法。

材料（直径21厘米，1个的量）

油酥点心面团*1
……………………直径21厘米，厚2毫米的材料2片
杏仁奶油*2 ……………………………………………200克

*1. 油酥点心面团的材料和制作方法参考第28页。
*2. 杏仁奶油的材料和制作方法参考第33页。

制作方法

1

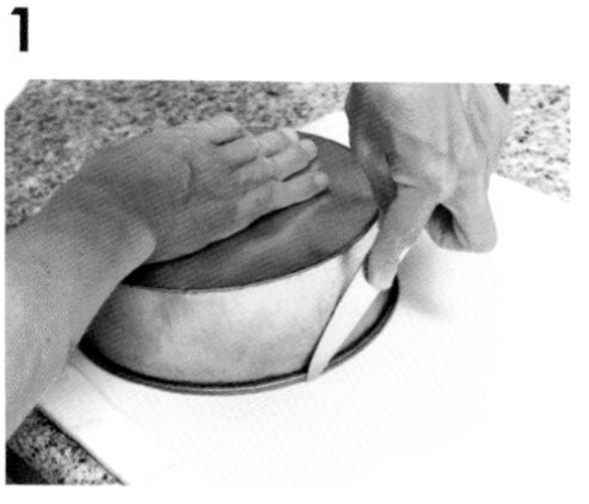

油酥点心面团摊成2毫米的薄饼，用7号圆形模具切出直径21厘米的圆形。事先放入冷冻室中冷冻，这样切割起来比较容易。准备好2片。

2

切成圆形的油酥点心面团取一片放到菜板上，蛋黄中加适量的水（材料之外）制成蛋液涂在材料的边缘。注意不要将蛋液滴到材料的边缘。中间呈旋涡状挤上2段杏仁奶油，尽量做成圆顶状。

3

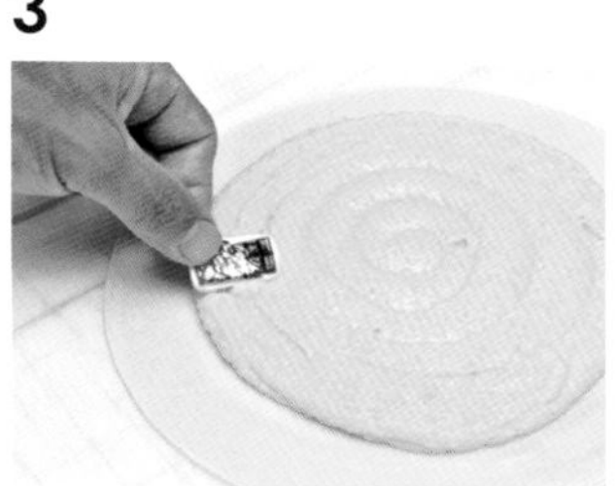

杏仁奶油中间埋入陶瓷蚕豆，表面用抹刀抹平。

4

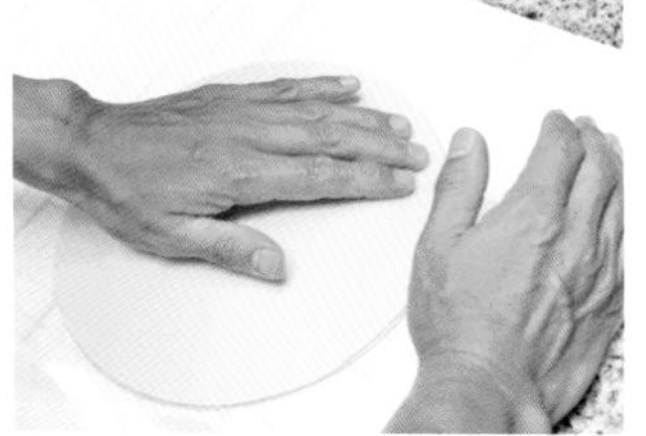

另外一片面团盖在上面，用手轻轻按压，排掉空气。油酥点心面团摊开的时候会往里回缩，所以上面的面团和下面的面团可以错开90度重合在一起。

5

放到裱花台上，沿着材料的边缘用刀切出花纹。圆拱形的裙边部分围绕一周，用叉子扎几个洞以利于空气排出，放入冰箱中静置一天备用。

6

第2天，在边缘的花纹上刷上蛋液。中间填了杏仁奶油的拱状部分也涂上蛋液。圆拱的中央用竹扦扎上小孔，然后从中心向外用刀划出纹理。上火183摄氏度，下火180摄氏度，平炉烤制50分钟完成。

斯陶伦
（德式圣诞蛋糕）

用足了黄油的甜甜的发酵材料中，加入水果干和生杏仁糊一起烤制的德式圣诞蛋糕。本来是想做成椭圆形，但最后放在模具中做成了四角形。做好以后大约要在冷藏室中放置1个月之后才能放到店里。切成薄片，用微波炉加热之后味道更佳。

材料（11.6厘米×9.3厘米，高度6厘米，12个的量）

朗姆酒泡的水果

- 苏丹娜葡萄干......................550克
- 朗姆酒..................................80克
- 综合水果干*[1]......................226克

红酒泡无花果

- 无花果蜜饯.........................550克
- 红酒......................................90克
- 水..90克
- 白砂糖..................................122克

酵母

- 牛奶......................................249克
- 蜂蜜......................................44克
- 高筋粉..................................264克
- 面包酵母...............................88克

生杏仁糊A...............................220克

香草豆荚...................................1根

白砂糖......................................110克

肉桂粉......................................2克

盐..11克

发酵黄油..................................329克

蛋黄...59克

柠檬皮.................................3个的量

高筋粉......................................616克

生杏仁糊B.................................350克

浸泡用黄油*[2]

- 发酵黄油..............................300克
- 浓缩牛奶（脂肪含量8.8%）..120克
- 米油.....................................120克

糖粉.......................................适量

*1. 综合水果干是用梅原的“综合水果”。

*2. 小锅中放入材料，放在火上一边混合一边放入发酵黄油，加热到50摄氏度。

制作方法

1 制作朗姆酒泡的水果。碗中放入苏丹娜葡萄干，加入朗姆酒，加入综合水果干混合均匀。用保鲜膜密封包好，室温下放置一晚。

2 制作红酒泡无花果。无花果蜜饯切成2等份（硬的话4等份），放入碗中。放入红酒、水和白砂糖煮沸之后倒入放了无花果的碗中。用保鲜膜密封包好，室温下放置一晚。

3 制作酵母。锅中放入牛奶和蜂蜜烧开，大约加热到40摄氏度。

4 搅拌碗中放入高筋粉和生的面包酵母，开到打浆模式，低速搅拌均匀。面包酵母搅打至块状物消失之后，沿着搅拌碗的周围加上步骤3的材料。接着搅拌1分钟。然后高速搅拌2分钟。材料完全脱离搅拌碗之后，盖上湿布。放到30摄氏度的温度发酵1小时。材料膨胀2倍之后，用力捶打。再度放到30摄氏度的条件下发酵1小时。

5 制作蛋糕。搅拌碗中，放入生杏仁酱A，香草豆荚中剖出的香草籽、白砂糖、肉桂粉，加入盐，放到搅拌机上，中低速搅拌。发酵黄油用擀面杖敲打直至均匀，一点点加入搅拌碗中。

6 加入蛋黄到碗中，放入柠檬皮，从搅拌碗的边缘一点点加入。为避免空气进入要搅拌均匀。

7 步骤6的材料中加入步骤4的酵母，混合均匀。加入高筋粉，低速搅拌均匀。直到没有粉末之后停止搅拌，把面团放到操作台上。

8 用擀面杖将面团擀成100厘米×30厘米的长方形，撒上控干汁水的水果干。生杏仁酱B拉伸成100厘米的棒状。以此为芯把面团卷起来。每卷一次都均匀地排列好红酒泡无花果干。一共卷3次。

9 卷完之后整理好形状，分成4等份（一条大约是940～950克），放入37厘米×9.3厘米、高度6厘米的模具中。放在冷藏室内冷藏20分钟。然后，放入室温下静置20分钟。放到烤盘上，上火175摄氏度，下火185摄氏度平炉烤制50分钟。放到烤箱中经过30分钟后前后调换位置，如果面团浮起来就压平。

10 从烤箱中取出来之后，一条切成3等份（大约11.6厘米长），加热到50摄氏度，浸泡用黄油用刷子刷上。撒上糖粉。如此重复3～4次，调整到喜好的厚度，然后用保鲜膜包裹起来放到冷藏室内静置一晚。第2天，再用保鲜膜包裹一层，然后放到冷藏室内保存起来。

情人节巧克力

爱的中心

"棒棒巧克力10款拼盘"

情人节期间限定的"棒棒巧克力"组合。上排左起依次为：杏仁果仁糖，受鸡尾酒莫吉托启发的甘纳许，烟熏淡奶油和雅文邑风味、覆盆子风味、蜂蜜和姜味的甘纳许；下排左起依次为：核桃甘纳许、八角风味、咖啡风味、佛手柑和薰衣草风味、橙花风味和海盐焦糖风味与糖豆风味组合的甘纳许。

探戈

松露3款装、6款装

中间空心的松露球中填入松弛的甘纳许组合而成。6种款式装按照顺时针分别是海盐焦糖、焦糖和雅文邑、香槟、苹果酒、覆盆子和玫瑰、桑果和红茶风味的甘纳许。

果仁糖

以香香的榛子果仁糖蘸上牛奶巧克力、冷冻干燥的香蕉片为主题的榛子果仁糖。中间是杏仁果仁糖加牛奶巧克力，冷冻干燥的草莓散在杏仁果仁糖中。然后是西班牙橙子蜜饯等，每年集合15～20款的情人节特供商品。

杏仁岩石

花费1个半小时精心制作的自家生产的杏仁果仁糖和核桃巧克力的组合。

材料（34厘米×34厘米，高1厘米的模具1个的量）

杏仁果仁糖

…………准备以下的分量，使用912克

- 白砂糖……465克
- 水……150克
- 杏仁……700克

核桃巧克力（可可含量40%）……417克

可可黄油……137克

涂层用牛奶巧克力……适量

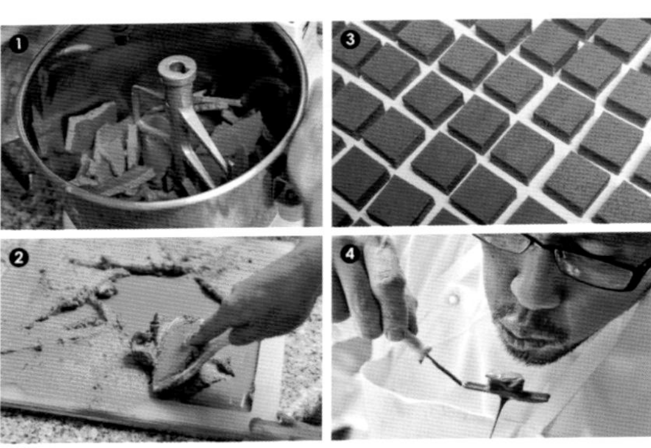

制作方法

1. 自家制的杏仁果仁糖用搅拌机搅拌成糨糊状。
2. 碗中放入核桃巧克力水浴融化，步骤1的材料中加入可可黄油之后回火，冷却到24摄氏度。散去热量后，拉伸成平板状，室温下回温一整天。
3. 把步骤2的材料切细后放入搅拌机中（图1），中速挡搅拌均匀，空气充分进入后捣成糊状。
4. 操作台上放上回火后的涂层用牛奶巧克力，拉成薄薄一层。趁着巧克力没有凝固的时候放到34厘米×34厘米，高1厘米的模具中，切掉溢出模具部分的巧克力，模具中加入步骤3的材料，用木勺刮平（图2）。在冷藏室中放置一晚。
5. 第2天，步骤4的材料用工具切成个人喜好的大小（图3）。用牛奶巧克力来做涂层。做涂层的时候因为呼吸的关系，表面会出现波纹状（图4）。

烟熏雅文邑

甘纳许加上烟熏的淡奶油，使用25年特酿的复古白兰地“雅文邑”。

材料（34厘米×34厘米，高1厘米的模具1个的量）

木炭……适量

淡奶油（脂肪含量35%）……585克

转化糖……140克

黑巧克力（委内瑞拉可可粉，可可含量75%）……310克

黑巧克力（马达加斯加可可粉，可可含量75%）……250克

牛奶巧克力（可可含量40%）……93克

发酵黄油……128克

雅文邑……60克

涂层用黑巧克力……适量

制作方法

1. 烤盘上放上模具，周围放上吸烟木炭，模具上方放上碗，碗里放淡奶油（图1）。把吸烟木炭点燃。放了淡奶油的碗像被包围起来一样，再盖上搅拌碗，使空间充满烟气，烟熏味道就沁入淡奶油中了。
2. 烟熏的时间大概是30分钟。拿开搅拌碗，可以发现淡奶油的表面有像焦糖一样的一层膜（图2）。
3. 计算一下步骤2的分量，如果因为加热导致淡奶油的分量减少，我们就要补足到原来的量（材料之外）。加入转化糖用火烧开，混合均匀之后大约加热到80摄氏度（图3）。
4. 切碎的3种巧克力都放入碗中，加入步骤3的材料（图4）。保持原样静置一会儿，用淡奶油的热量将巧克力融化。待巧克力融化之后，用打蛋器缓慢混合均匀。乳化到八分之后加入发酵黄油，混入发酵黄油之后加入雅文邑。完成之后在30摄氏度就比较理想。
5. 操作台上放上回火后的涂层用黑巧克力，拉成薄薄的一层，趁着巧克力没有凝固的时候切成34厘米×34厘米，高1厘米的模具。切掉溢出模具部分的巧克力，模具中加入步骤4的甘纳许，刮平。在冷藏室中放置一晚。
6. 第2天，步骤5的材料用工具切成个人喜好的大小。用黑巧克力来做涂层。做涂层的时候因为呼吸的关系，表面会出现波纹状。

莫吉托

以鸡尾酒莫吉托为原型创作的这款甜品，是将薄荷、青柠汁、朗姆酒进行组合，再用巧克力涂层。

材料（34厘米×34厘米，高1厘米的模具1个的量）

淡奶油（脂肪含量35%）.......320克
水饴..137克
薄荷..2袋
青柠汁....................................160克
黑巧克力（可可含量75%）
....478克
牛奶巧克力（可可含量40%）
....447克
朗姆酒....................................20克
涂层用黑巧克力 .... 适量

制作方法

1 锅中放入淡奶油和水饴，用火煮开。
2 研磨钵中放入薄荷叶，用研磨棒捣碎。加入青柠汁，继续研磨混合均匀（图1～4）。将以上材料放入另一个锅中，用火烧开。
3 两种切碎的巧克力放入碗中。前面步骤1、步骤2准备好的材料放入碗中，加入朗姆酒混合乳化。
4 操作台上放上回火后的涂层用黑巧克力，拉成薄薄一层。趁着巧克力没有凝固的时候放到34厘米×34厘米、高1厘米的模具中，切掉溢出模具部分的巧克力，模具中加入步骤3的甘纳许，用木勺刮平。在冷藏室中放置一晚。
5 第2天，步骤4的材料用工具切成个人喜好的大小。用黑巧克力来做涂层。巧克力用叉子做出花样。

哥伦比亚纳里尼奥

烘焙好的咖啡豆浸泡在淡奶油中24小时，使风味散发出来。咖啡的香甜和苦味都浓缩在这一颗当中了。

材料（34厘米×34厘米，高1厘米的模具1个的量）

咖啡豆....................................100克
淡奶油（脂肪含量35%）.......542克
转化糖....................................123克
黑巧克力（马达加斯加可可粉，可可含量75%）.........................266克
黑巧克力（委内瑞拉可可粉，可可含量75%）.................................200克
牛奶巧克力（可可含量40%）
....213克
发酵黄油..................................136克
涂层用黑巧克力 .... 适量
粒状巧克力 .... 适量

制作方法

1 咖啡豆用捣棒捣碎（图1）放到锅中炒，直到出现烟味（图2）。
2 步骤1的材料放入淡奶油中，放置24小时，这样烟熏的咖啡风味就沁入淡奶油中了（图3）。
3 步骤2的材料放入锅中，在火上加热到50～60摄氏度，用过滤器过滤；计算一下步骤2的分量，如果因为加热导致淡奶油的分量减少，我们就要补足到原来的量（材料之外）。加入转化糖用火烧开，混合均匀之后大约加热到80摄氏度。
4 切碎的3种巧克力都放入碗中，加入步骤3的材料。保持原样静置一段时间，用淡奶油的热量将巧克力融化。待巧克力融化之后，用打蛋器缓慢混合均匀。乳化到八分之后加入发酵黄油。
5 操作台上放上回火后的涂层用黑巧克力，拉成薄薄一层。趁着巧克力没有凝固的时候放到34厘米×34厘米，高1厘米的模具中，切掉溢出模具部分的巧克力，模具中加入步骤4的甘纳许，用木勺刮平。在冷藏室中放置一晚。
6 第2天，步骤5的材料用工具切成个人喜好的大小（图4）。用黑巧克力来做涂层。用粒状巧克力来装饰。

白色情人节礼物

❶ **棉花糖**

❷ **马卡龙花**

❶ 用意大利酥皮制作的棉花糖，有香草、柠檬、薄荷巧克力、覆盆子和玫瑰等4种风味。❷ 以花为主题的马卡龙组合。从前面开始依次为木槿蛋糕加黑醋栗奶油、薰衣草和格雷伯爵蛋糕加柠檬奶油、茉莉蛋糕加黄春菊奶油、格雷伯爵蛋糕加格雷伯爵茶和橙花甘纳许、覆盆子蛋糕加玫瑰奶油。

❸ 爱如岩石糖浆

❹ 玛丽·安东尼的甜心

❺ 水果酱

❸ 米饼和薄脆用白巧克力固定，嚼起来脆脆的口感。加入樱桃干、香蕉和百香果。❹ 一口一个的法式酥皮点心，有覆盆子风味、柠檬风味、百香果风味3种。❺ 100%的果汁中加入白砂糖、果胶煮成硬硬的啫喱。有百香果、桃子、苹果、覆盆子、杧果、番石榴、醋栗、黑醋栗等8款。

❻ 巧克力片

白色情人节用的巧克力片是白色巧克力加上心形的曲奇饼干和杏干。非常可爱的设计。除此之外，还有牛奶巧克力加榛子、黑巧克力加咖啡豆。每年在内容上会稍作调整，会准备两三款。

纪念日蛋糕

小熊

动物形象的蛋糕是安食雄二家的明星产品。小熊是安食主厨最早制作的动物蛋糕，已经有10年以上的渊源了。巧克力和葡萄，用樱桃干等做成的充满爱心的小熊的表情，颇受顾客们所瞩目。“小熊”是本店的主要动物形象蛋糕，会经常出现在主页和促销手册中，为厨师代言，来传达店里的信息。

小兔子

用草莓做成的红色眼睛令人印象深刻，也非常受小女孩们的欢迎。这是一款应顾客要求而诞生的产品。那位顾客想给孙子买蛋糕，因为盒子里装的是和订单不一样的适合大人的蛋糕，孙子说“不要”，所以要求“希望再给我一次机会”而做了这款蛋糕。“据说那位顾客的孙子因为喜欢兔子而非常开心，也非常感谢这位客人”，安食主厨说。

猪猪

在欧洲是幸运象征的小猪，是生日和纪念日时候的完美选择。小蛋糕上装饰有热那亚蛋糕做成的耳朵、脚和鼻子，有着非常可爱的表情。眼睛的材料是切成片的葡萄，上面装饰了白巧克力当成眼皮。还用白巧克力做成了心形。两颊的胭脂是用手指蘸上覆盆子粉装饰上去的。鼻孔的中间嵌入了蓝莓，也展现了厨师的一颗童心。

猫咪

因为有很多顾客喜欢猫，所以猫咪造型的蛋糕也诞生了。鼻子是脆皮球做成的。嘴巴是用淡奶油做成的立体形状。眼睛是用葡萄切片放上树叶一样菱形的黑巧克力，涂上寒天液制成，使眼睛看起来亮晶晶的。利用切成圆形的热那亚蛋糕的自然颜色做成三色花猫也是个好主意。用巧克力做成的长长的胡须非常引人注目。吐出用樱桃番茄做的小舌头，露出非常淘气的表情。

小鸡

追着小虫子，鸡蛋壳还顶在头上的刚刚出生的“小鸡”。这款令人会心一笑的蛋糕经常在年初和半周岁派对、一周岁生日等纪念日的时候被预订。各种角色的蛋糕，在各个重要节日被点名预订，我们做出来的角色表情也会不尽相同。角色蛋糕迄今为止已经卖了一万多个，都是由安食主厨亲手完成的。

汽车

由大小2个四角小蛋糕组合而成的大蛋糕，在男孩子中高居人气榜首。“汽车”上有着像眼睛一样的车灯，像嘴巴一样的排气管，我们用水果做出脸上的各个部位，再贴上用巧克力做成的粗眉毛，淘气顽皮的表情就栩栩如生了。汽车轮胎是用马卡龙做的，尾灯是用番茄干做的，每一个部位都做得非常精细。在汽车前盖上还贴着白巧克力做成的牌子，在这里可以写上年龄呢。

草莓蛋糕

每周销售200个的蛋糕中，最受欢迎的还是小蛋糕。用从那须高原的养鸡场中定制的生鸡蛋来制作热那亚蛋糕，和高品质的淡奶油组合而成（参考第41页）。组合的要点是，颜色和淡奶油裱花的美感。草莓要用完全熟透的全红的品种，对切去蒂组合成心形。然后加上可以写字的巧克力名牌。

生奶酪

用丹麦和法国产的两种奶油奶酪做成的纯奶酪蛋糕。蛋糕底是两层甜杏仁酱蛋糕涂上柠檬奶油，再加上蒙娜丽莎饼干组合成品。小蛋糕（参考第46页）是长方条的简单形式，造型是用圣安娜裱花嘴挤出鲜奶油，周围贴上像骰子形状的海绵蛋糕，看上去非常华丽。用切好的柠檬和柠檬叶来装饰，使得色彩更加生动。

蒙布朗

构成是和小蛋糕一样的（参考第78页），用作饼底的法式酥皮是法国产的马龙酱和马龙材料做成的马龙奶油，挤上口感轻盈的白巧克力甘纳许，用马龙奶油覆盖。山形的蒙布朗，颜色比较单调，外观很朴素，所以将大大小小的白巧克力圆圈水平插入奶油中，看上去更有现代感。撒上糖粉和糖珠，再装饰上粉色的蝴蝶结圈圈，更加显得华丽。

狂野

白巧克力慕斯和覆盆子风味的奶油，巧克力慕斯和开心果饼干，以及巧克力薄脆一起组合而成的小蛋糕（参考第157页）。是由绿色开心果鲜奶油和粉色的马卡龙，白巧克力和覆盆子一起构成的豪华配置。五彩斑斓的5层断面是其特色。慕斯和奶油夹杂着野草莓和覆盆子，颜色非常鲜艳。

甜心狩猎

普罗旺斯产的蜂蜜做成的慕斯中心是香草味道浓郁的奶油。饼干底是枫糖风味的蒙娜丽莎饼干。和小蛋糕（参考第142页）一样是六角形的，上面装饰有焦糖沙司，切开的时候会有浆汁流出。将焦糖沙司围起来的是用圣安娜裱花嘴挤成的意大利酥皮。并用喷火枪烤上颜色，做出花边效果。

春天

甜杏仁酱蛋糕加上杏仁奶油霜，放上草莓烤成果子挞，加上秘制红色浆果、新鲜的草莓、覆盆子和蓝莓等果实。挤上满满的奶酪奶油来做造型。用白巧克力刨花大胆地装饰起来，呈现出非常华丽的视觉效果。最后用粉色的蝴蝶结来点缀出“春天”的主题效果（小蛋糕参考第49页）。

吉瓦拉

黑巧克力和果仁糖组合而成的巧克力千层酥，栗子蛋糕坯和牛奶巧克力（可可含量40%）甘纳许，是安食主厨独创的。简单而生动的巧克力装饰是这个蛋糕的特征。用黑巧克力做成刨花排列在上面，不留空隙地碰撞出强烈的效果（小蛋糕参考第107页）。

红色桑托波

用草莓干、覆盆子粉覆盖的这款正红色的蛋糕也是明星产品之一，造型和小蛋糕一样（参考第110页），周围是巧克力饼，中间是冷冻的开心果风味的桑托波甘纳许。中间的甘纳许仿佛要融化溢出来，食用之前最好用微波炉加热一下。桑托波奶油、覆盆子、巧克力千层酥、筒状的巧克力都是十分考究地一点点装饰上去的。

图书在版编目（CIP）数据

安食雄二创意甜品制作图解 /（日）安食雄二著 ；沈怡冰译. — 北京 ：北京美术摄影出版社，2021.5
ISBN 978-7-5592-0419-6

Ⅰ. ①安… Ⅱ. ①安… ②沈… Ⅲ. ①甜食—制作—日本—图解 Ⅳ. ①TS972.134-64

中国版本图书馆CIP数据核字(2021)第050703号

北京市版权局著作权合同登记号：01-2018-2846

责任编辑：耿苏萌
助理编辑：于浩洋
封面设计：众谊设计
责任印制：彭军芳

安食雄二创意甜品制作图解

ANSHI XIONG'ER CHUANGYI TIANPIN ZHIZUO TUJIE

［日］安食雄二　著
沈怡冰　译

出　版　北 京 出 版 集 团
　　　　北京美术摄影出版社
地　址　北京北三环中路6号
邮　编　100120
网　址　www.bph.com.cn
总发行　北京出版集团
发　行　京版北美（北京）文化艺术传媒有限公司
经　销　新华书店
印　刷　天津图文方嘉印刷有限公司
版印次　2021年5月第1版第1次印刷
开　本　787毫米×1092毫米　1/16
印　张　13.5
字　数　434千字
书　号　ISBN 978-7-5592-0419-6
定　价　89.00元

如有印装质量问题，由本社负责调换
质量监督电话　010-58572393

安食雄二

1967年生于东京。高中毕业后进入武藏野厨师专业学校学习。当初的目标是当一名厨师，却因为在做蛋糕实习的时候被泡芙的美味所感动，而对做蛋糕产生了兴趣。在东京大泉学院的西点屋“利之帆”实习，在神奈川的“鴫立亭”、横滨的皇家花园酒店等地方工作。经常积极参加比赛，在1996年的“曼达林拿破仑国际大赛”中第一次为日本争得了胜利。之后又在法国进修了3个月。1998年开始在东京自由之丘的“Mont St. Clair”（蒙特·圣克莱尔）担任副厨师长。从2001年开始的7年，在神奈川玉大厦的“德菲尔”担任糕点师。2010年“甜蜜花园　安食雄二”开业。

甜蜜花园　安食雄二
神奈川县横滨市都筑区北山田2-1-11
贝尼西亚1F
电话：045-592-9093
营业时间：10点—19点
休息：周三（或有临时休息）